Photoshop + Illustrator + After Effects

移动UI
全效实战手册

孟琴　李扬　汪翔　余沁　向桦　**编著**

人民邮电出版社

北京

图书在版编目（ＣＩＰ）数据

Photoshop+Illustrator+After Effects移动UI全效
实战手册 / 孟琴等编著. -- 北京：人民邮电出版社，
2022.1
　ISBN 978-7-115-57288-2

Ⅰ. ①P… Ⅱ. ①孟… Ⅲ. ①移动终端－人机界面－
程序设计②图像处理软件 Ⅳ. ①TN929.53②TP391.413

中国版本图书馆CIP数据核字(2021)第192198号

内 容 提 要

　　本书使用 Photoshop、Illustrator、After Effects 作为基础工具，以设计理论为蓝本，讲解图标设计、界面设计的主要内容，以及 iOS 和 Android 系统设计原则及规范、移动端 App 界面设计等相关知识点，同时简述界面交互设计原理，并以案例的形式详细讲解制作过程和进行技巧总结。从理论学习到设计实践，真正做到让读者学以致用。

　　本书提供案例素材文件和效果源文件，以及在线教学视频，方便读者学习。此外，本书还提供配套教学 PPT 课件，供读者参考使用。

　　本书将界面设计理论与实践相结合，针对高校设计专业学生及 UI 设计爱好者的学习需求而编写，可作为高等院校视觉传达、数字媒体、交互设计等相关专业的教材；也可作为界面设计初学者、UI 设计师拓展阅读和实践的学习资料；还可作为相关培训机构的辅导教材。

　◆ 编　著　孟　琴　李　扬　汪　翔　余　沁　向　桦
　　责任编辑　王　冉
　　责任印制　马振武
　◆ 人民邮电出版社出版发行　　北京市丰台区成寿寺路 11 号
　　邮编　100164　　电子邮件　315@ptpress.com.cn
　　网址　https://www.ptpress.com.cn
　　北京瑞禾彩色印刷有限公司印刷
　◆ 开本：787×1092　1/16
　　印张：13.75　　　　　　　　　2022 年 1 月第 1 版
　　字数：371 千字　　　　　　　2022 年 1 月北京第 1 次印刷

定价：99.80 元

读者服务热线：(010)81055410　印装质量热线：(010)81055316
反盗版热线：(010)81055315
广告经营许可证：京东市监广登字 20170147 号

随着国内 UI（User Interface，用户界面）设计的日益发展，视觉传达与交互设计相关行业备受关注。界面设计的核心问题在于优化人机交互界面的用户体验，因此，提高界面设计能力，提升软件产品的人性化程度，是 UI 发展的重中之重。本书是界面设计深度解析与制作的专业教程，实现从零基础界面设计理论入门，到 UI 动效实战进阶全覆盖，通过详细的案例对界面设计与制作进行教学演示与技术指导。

全书共分为 7 章，主要讲解图标设计方法、交互原理、界面设计技巧、交互动效设计，以及在创意设计和制作过程中的常见问题和相关知识拓展。书中还设置有"小贴士""设计方式"等模块，帮助读者进一步加深对内容的理解与掌握，真正做到易学、能懂、会用。为方便读者更有效地学习，随书附赠辅助教学资源，包括配套教学 PPT 课件、案例素材文件和效果源文件及在线教学视频，能够使读者在学习相关设计方法的同时直接获得实战学习资源，随学随练，即时解决相关问题，提高专业知识转化率。

为了使初学者更容易接受所学内容，本书按"知识—解析—应用"的思路进行编排，即引导读者先学会设计原理，再进行设计思路分析，最后结合软件进行操作。在案例详解中会先逐一剖析主要知识点，然后针对相关知识点做总结性实战案例讲解，形成科学、完整、系统的教学结构。

孟琴、李扬负责本书整体架构设计，并编写纲要。孟琴、李扬、向桦联合编写本书初稿。孟琴、李扬负责本书内容编写及相关素材处理。汪翔提供了第 7 章所有 UI 动效设计案例。孟琴、李扬、余沁参与章节内容补充，并负责所有章节的 PPT 制作和设计案例的视频录制。

致谢

本书的编写获得了行业机构的大力支持。感谢福建印客创学教育科技有限公司对本书设计应用的专业指导，感谢西南财经大学天府学院艺术设计学院对本书编写工作的全面支持，感谢站酷"百万人气设计师""UI中国推荐设计师"VIENTIANE 参与本书实战案例的设计，感谢人民邮电出版社为本书的编写与出版提供的大力支持。

本书由孟琴、李扬、汪翔、余沁、向桦联合编写。编写组全体人员竭诚勤恳，但书中可能仍存在不妥之处，感谢读者选择本书，同时也欢迎交流指正。

编者

2022 年 1 月

资源与支持
RESOURCES AND SUPPORT

本书由"数艺设"出品，"数艺设"社区平台（www.shuyishe.com）为您提供后续服务。

配套资源

案例素材文件和效果源文件。
在线教学视频。
配套教学 PPT 课件。

资源获取请扫码 ☞

在线视频

提示：微信扫描二维码，
点击页面下方的"兑"→
"在线视频 + 资源下载"，
输入 51 页左下角的 5 位
数字，即可观看视频。

"数艺设"社区平台 为艺术设计从业者提供专业的教育产品。

与我们联系

我们的联系邮箱是 szys@ptpress.com.cn。如果您对本书有任何疑问或建议，请您发邮件给我们，并请在邮件标题中注明本书书名及 ISBN，以便我们更高效地做出反馈。

如果您有兴趣出版图书、录制教学课程，或者参与技术审校等工作，可以发邮件给我们。如果学校、培训机构或企业想批量购买本书或"数艺设"出版的其他图书，也可以发邮件联系我们。

如果您在网上发现针对"数艺设"出品图书的各种形式的盗版行为，包括对图书全部或部分内容的非授权传播，请您将怀疑有侵权行为的链接通过邮件发给我们。您的这一举动是对作者权益的保护，也是我们持续为您提供有价值的内容的动力之源。

关于"数艺设"

人民邮电出版社有限公司旗下品牌"数艺设"，专注于专业艺术设计类图书出版，为艺术设计从业者提供专业的图书、视频电子书、课程等教育产品。出版领域涉及平面、三维、影视、摄影与后期等数字艺术门类，字体设计、品牌设计、色彩设计等设计理论与应用门类，UI 设计、电商设计、新媒体设计、游戏设计、交互设计、原型设计等互联网设计门类，环艺设计手绘、插画设计手绘、工业设计手绘等设计手绘门类。更多服务请访问"数艺设"社区平台 www.shuyishe.com。我们将提供及时、准确、专业的学习服务。

第 1 章

图标设计

本书中的图标设计内容主要针对移动端中的交互界面。在界面设计中，图标不仅能起到美化界面的作用，它还是界面导航的关键——比起文字，图标在传递信息时更直观，能简洁形象地传达复杂的功能或含义，对引导用户理解界面功能与操作有着重要作用。

个人中心　酒店预订　我的积分　生活缴费

卡券票务　礼品兑换　精选商铺　热门美食

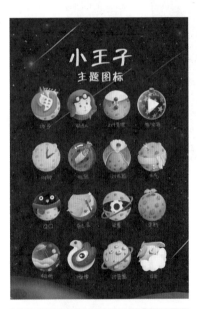

1.1 图标设计基础

本章主要对图标的视觉形式及制作方法进行详细介绍。设计图标时可根据其应用的具体情景或主题来选择设计风格，以充分适配整体界面效果。

1.1.1 图标的形式分类

图标的形式即设计风格。按照设计风格分类，常见的图标有剪影图标、扁平化图标、拟物化图标、等距视图图标（2.5D 图标）等。

1. 剪影图标

剪影图标的颜色主要为单色，如同逆光拍摄人像剪影的效果，如图 1-1 所示；或者是中国传统的剪纸效果，如图 1-2 所示。

图 1-1

图 1-2

剪影图标主要可分为两大类型：线性图标和面性图标。线性图标以线条为主展示轮廓，如图 1-3 所示；面性图标呈块面形式，如图 1-4 所示。

图 1-3

图 1-4

2. 扁平化图标

"扁平化"是微软公司最先推出的一种图标风格，其核心意义是：去除冗余、厚重和繁杂的装饰效果，让信息的功能性重新成为核心要素。在设计元素上，扁平化则强调极简、抽象和符号化。扁平化图标具备"扁平"效果，其主体形状（包括投影）均由平整的色块及明确的色彩搭配构成，视觉效果更加简洁，如图 1-5 所示。

图 1-5

3. 拟物化图标

拟物化图标注重对真实事物的还原，着力于塑造被模仿对象的质感和状态，如图 1-6 所示。其设计效果能体现设计师的形态仿真能力、对细节的把控能力和使用软件制作特效的专业水准。

图 1-6

4. 等距视图图标（2.5D 图标）

等距视图图标又名 2.5D 图标，是目前界面设计中比较流行的一种图标，如图 1-7 所示。绘制此种图标需要做好对应的网格，并严格按照几何位置关系来进行设计。在等距视图中，同一平面上的线是平行的，永远不会出现相交的情况。1.5 节将会详细讲述等距视图图标的具体制作方法。

图 1-7

1.1.2 图标的属性分类

按照属性分类，图标可以分为启动图标、功能图标两种。

1. 启动图标

启动图标是各种应用程序的识别标志，也是用户进入应用程序的入口，如图 1-8 所示。从计算机和手机界面上的图标就能看出，优秀的启动图标可以带来舒适、美观的视觉体验，也能迅速抓住用户眼球，传递产品的品牌形象和属性定位。

图 1-8

2. 功能图标

功能图标可以理解为界面上有功能性指代意义的图形，它可以提示和引导用户进行相应的选择和点击操作。其图形风格可以根据整个 App 的视觉主题风格来进行延续设计和衍生创作。由于功能图标在界面中所指代的功能不同，其所处位置的版式规划也不相同。例如，某 App 金刚区（金刚区是指页面顶部 banner 之下的核心功能区）的图标，如图 1-9 所示；某 App 底部的导航图标，如图 1-10 所示。

图 1-9

图 1-10

1.1.3 图标设计的视觉规范

图标的样式灵活多变，设计师可以充分发挥自己的无限创意。但图标作为界面中传递信息的符号，它的设计不能脱离 UI 的功能和主题，每个图标都要与 UI 视觉系统中的全套元素共同形成图标体系，这就要求图标设计具备一定的规范性，能够达到视觉上的协调统一。

1. 统一性

图 1-11 所示的图标从各个细节上都呈现出差异性。例如"回收站（废纸篓）"图标的右下角为直角，与其他图标的圆角不一致；"设置（齿轮）"图标的大小明显与其他图标不同；"对话（气泡）"图标上有

色块，而其他图标没有；"收藏（爱心）"图标的轮廓有断线，而其他图标没有；"搜索（放大镜）"图标的轮廓比其他图标更细。这便是图标绘制中未能实现统一的典型案例。

图 1-11

一套美观的图标应保持一致的图形风格与细节装饰，如线条、配色、角度、透视等设置统一，以下分别进行说明。

线条统一。各个图标都保持线条粗细一致，线头表现均为圆头，线断开的间距一样，看起来美观统一，如图 1-12 所示。

图 1-12

配色统一。这一点具体可表现为渐变效果的统一、色彩明度和纯度的统一、色相数量的统一。图 1-13 所示图标的色彩明度和纯度都趋于一致，主要色相的数量控制在两个左右。

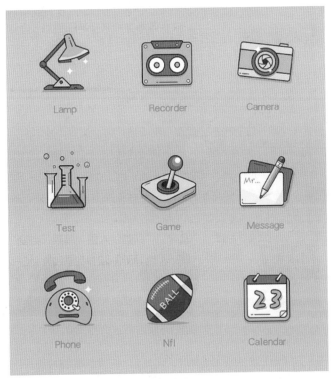

图 1-13

11

角度统一。图标摆放角度保持一致，投影倾斜角度一致，如图 1-14 所示。

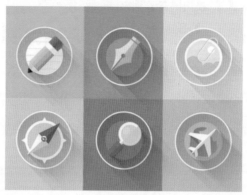

图 1-14

透视统一。图 1-15 所示的 12 个图标皆为等距视图图标，且等距视角完全一致。

图 1-15

一套图标的统一性不仅体现在以上 4 个基本原则中，还有许多设计的细节都应注意主题性与一致性，这样才能保证整套图标视觉上的协调与美观。

2. 视觉平衡

一整套界面图标中包含多个单一图标形态，而每个图标所代表的信息内容不同，其形状设计也有差异。如果在图标设计中只追求物理数据上的绝对相同，则无法达到视觉上的平衡。因此，UI 设计师需根据具体情况对每个图标的形态、比例等进行细节设计，使全套图标在视觉上保持整体平衡。虽然图 1-16 中的正方形、圆形、三角形的高宽都相等，但圆形和三角形相比正方形相对不饱满、有所缺失，故同样轮廓大小的圆形和三角形在视觉上会显得比正方形小。

图 1-16

在形状不变的前提下，为实现三者的视觉平衡，可将圆形、三角形稍微放大，让其超出原本设定好的绿色虚线框，如图 1-17 所示，这样 3 种图形就达到了看起来一样大的效果，即视觉平衡。

图 1-17

在同一套图标中，为达到图标之间视觉大小及重心的统一，可以利用栅格系统来辅助完成图标形状的绘制。图 1-18 所示为普通的栅格系统，里面的圆形、正方形、长方形轮廓都可作为设计过程中的辅助线，便于设计师参照调整不同形状图标的视觉大小和重心位置，以达到视觉平衡。初学者需熟悉这种图标设计的辅助工具，1.2.2 小节中有该工具使用方法的具体介绍。在 UI 设计中，不同的应用系统有不同的栅格系统规范，第 2 章将会有详细说明。

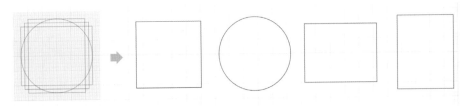

图 1-18

1.1.4 图标设计软件介绍

绘制图标的设计软件有很多，本书案例主要使用国内设计行业中的主流软件——由 Adobe 公司开发的 Photoshop 和 Illustrator 来进行图标设计与制作。这两个软件不仅能满足专业需求，也非常适合图标设计初学者学习与使用。

Adobe Photoshop 的图像处理功能非常强大，主要会用到形状工具、布尔运算、钢笔工具、锚点工具和图层样式等工具和功能来实现图标设计，特别是拟物化图标设计。Adobe Illustrator 是制作矢量图的工具，能够适配更多界面，但它的仿真效果和模拟能力相对于 Photoshop 来说要偏弱一些，因此更适合设计剪影图标、扁平化图标等，在图标制作过程中主要会用到形状生成器、轮廓化描边、路径查找器等。但软件只是工具，图标设计无须指定何种软件，设计者可以根据自身对软件的熟练程度来进行选择。目前市面上使用的较新版本为 Photoshop 2021、Illustrator 2021，其图标如图 1-19 所示。

图 1-19

为方便读者阅读本书并参考设计案例，下面将对本书所用设计软件的主界面进行一些基础介绍并给出图解示意，让读者在阅读实操案例部分时能快速找到对应工具的位置。因 Photoshop 与 Illustrator 同为 Adobe 公司软件，故两者的界面结构及功能分区大致相同。我们以 Photoshop 的主界面为例进行介绍，如图 1-20 所示。①为工具栏。②是工具对应的属性栏，例如，当我们在工具栏中选择了"横排文字工具"后，当前属性栏就会显示与该工具相关的参数设置或可操作内容。③为菜单栏。④是浮动面板，需显示的浮动面板均可在"窗口"菜单中打开。Illustrator 的主界面也主要分为这 4 个区域。

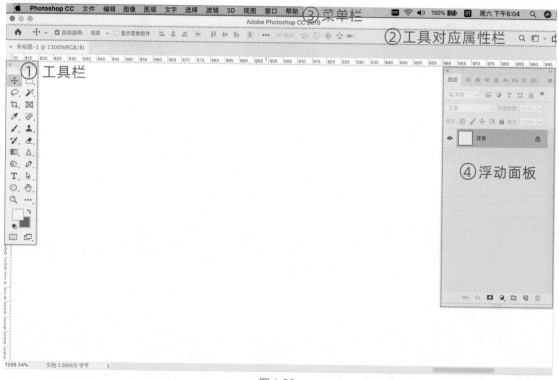

图 1-20

　　另外，初学者常常会在自学 UI 设计的过程中发现一些问题，例如虽然模仿教程里的图形数据来设置参数，但做出的效果与教程中的案例相去甚远。最常见的原因可能是在新建文档时，分辨率的选择、画布的具体尺寸设置等与教程中的案例不完全相同。UI 设计与印刷类平面设计的载体不同，后者常用的分辨率为 300ppi，颜色模式为"CMYK 颜色"。而 UI 设计的载体是屏幕界面，所以无论是使用 Photoshop 还是 Illustrator，在新建画布时都可将分辨率设置为屏幕显示常用的 72ppi，颜色模式设置为"RGB 颜色"，以适配屏幕显示。后续章节案例均依此设置。

1.1.5　布尔运算

　　布尔运算是图标设计的基础运算，特别是对图标的形状绘制具有重要作用。掌握布尔运算可以让图标更加美观、标准和规范。布尔运算是数字符号化的逻辑推演法，主要包括合并、相交、相减、排除 4 种方式，如图 1-21 所示。

　　合并：取两个形状区域的和。

　　相交：取两个形状区域重叠的部分。

　　相减：从下层形状区域中减去上层形状区域与下层形状区域的重叠部分，取下层形状区域中剩余的区域。

　　排除：将两个形状区域相交的部分减去，保留其他区域。

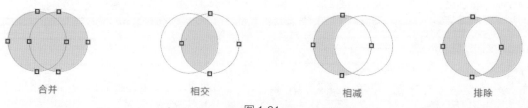

图 1-21

在图形处理操作中，运用以上方法可用简单的基本图形组合出新的复杂的形状。Photoshop 和 Illustrator 中都有相对应的工具来实现布尔运算。

在 Illustrator 中，布尔运算是利用工具栏中的"形状工具"结合"路径查找器"板面中的"形状模式"来实现的，如图 1-22 所示。

图 1-22

太极符号案例 ▶

设计方式

绘制太极符号的关键点在于用布尔运算绘制出图 1-23 中红色虚线示意的"太极"单元形状。

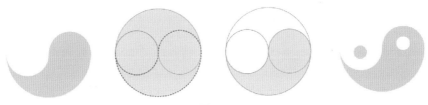

图 1-23

使用工具栏中的"椭圆工具" ○ 绘制一个直径为 200px（像素）的圆形，接着绘制两个直径均为 100px 的圆形。用"直接选择工具" ▷ 选中大圆形的顶端锚点，并按 Delete 键删除，得到一个半圆形，如图 1-24 所示。

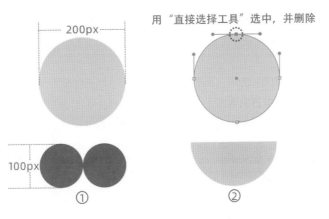

图 1-24

取一个小圆形与半圆形按图 1-25 中的右上图所示对齐摆放，同时选中这两个图形，在"路径查找器"面板"形状模式"选项组中选择"减去顶层"选项，即布尔运算中的"相减"，得到图 1-25 所示③对应的形状。注意：用于减去的形状需置于被减形状的上一层，故小圆形应在半圆形的上一图层。

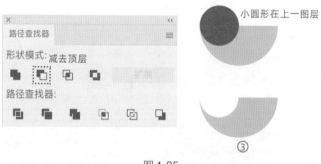

图 1-25

将相减后得到的形状与另一小圆形按图 1-26 中的右上图所示对齐摆放，同时选中小圆形和相减后得到的形状，在"路径查找器"面板"形状模式"选项组中选择"联集"选项，即布尔运算中的"合并"，得到图 1-26 所示④对应的"太极"单元形状。

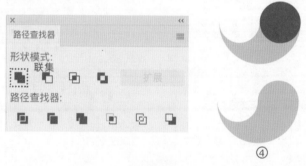

图 1-26

关键的"太极"单元形状绘制完成后，再绘制两个直径均为 22px 的小圆形，将其中一个放在"太极"单元形状上合适的位置。继续选择"路径查找器"面板"形状模式"选项组中的"减去顶层"选项，使"太极"单元形状的头部镂空。将另一个小圆形置于"太极"单元形状负形空间的合适位置，一个完整的太极符号便用布尔运算完成了，如图 1-27 所示。

在 Photoshop 里，布尔运算则是利用工具栏中的形状工具结合工具属性栏中的路径操作来实现的，如图 1-28 所示。与 AI 里的布尔运算的区别在于，Photoshop 中进行布尔运算的图形必须在同一图层上。

图 1-27

图 1-28

气泡形状案例 ▶

扫码看视频

🖵 设计方式

气泡形状的设计方式如图 1-29 所示，其中的红色虚线即我们最终需要得到的气泡形状轮廓。

图 1-29

使用工具栏中的"椭圆工具"○，绘制出 4 个大小相同的椭圆形（4 个形状需绘制在同一图层上），并且椭圆形的摆放位置如图 1-30 所示。

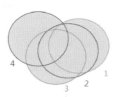

图 1-30

小贴士 ❗

在同一图层绘制多个形状有 4 种方法，以绘制 4 个椭圆形为例：①分别在 4 个图层绘制一个大小一样的椭圆形，然后选中这些图层按快捷键 Ctrl+E 合并图层即可；②使用"椭圆工具"○绘制一个椭圆形，然后用工具栏中的"路径选择工具" ▶选中椭圆形，同时按住 Alt 键拖曳鼠标进行复制，重复 3 次即可完成在同一图层绘制 4 个椭圆形；③利用"椭圆工具"○绘制一个椭圆形，使用"路径选择工具" ▶选中椭圆形，先按快捷键 Ctrl+C 复制椭圆形，然后按快捷键 Ctrl+V 粘贴，重复粘贴 3 次即可在同一图层上复制出 3 个椭圆形；④绘制完一个椭圆形后，按住 Shift 键可继续绘制椭圆形，且所绘椭圆形都在同一图层上。

此处需注意 4 个椭圆形的叠放顺序，应从底层到顶层按序号 1、2、3、4 排列。首先，选中椭圆 1 和椭圆 2，执行布尔运算"联集"；然后对椭圆 3 执行布尔运算"减去顶层"，减去前面所得的联集图案，即得到灰色图案右边月牙部分；最后，同时选中椭圆 4 和月牙图案，执行布尔运算"减去顶层"，得到去掉顶端的黑色月牙图案，如图 1-31 所示。

 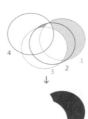
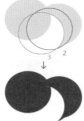

图 1-31

使用工具栏中的"路径选择工具" ▶.选中椭圆 1，因其排在最下层被部分遮挡，所以需执行工具属性栏"路径排列方式"中的"将形状置为顶层"命令，将其置于顶层，显示为椭圆 5，被遮住的部分展现出来，气泡形状绘制完成，如图 1-32 所示。

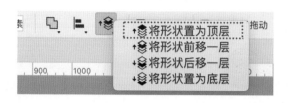

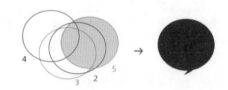

图 1-32

同一图层上的多个形状有相互交叠的上下关系，先绘制的在下层，后绘制的在上层。例如执行"减去顶层"命令，必须满足用于减去的形状在被减形状的上层。如果用于减去的形状在被减形状的下层，则"减去顶层"效果会出错。当无法判断用于减去的形状是否在被减形状的上层时，可先将其置于顶层。

运用布尔运算制作的图形形状工整，具备标准的几何特性。在合并形状之前，可以通过"路径选择工具" ▶.和"直接选择工具" ▷.移动形状路径，使其位置更精准。任何类型或风格的图标设计，都离不开布尔运算的协助，在后续章节的各个图标设计中都会涉及布尔运算的应用。

1.2 剪影图标

剪影图标因颜色单一、形态简单，像逆光拍摄的物体剪影而得名，一般分为线性图标和面性图标两种。

1.2.1 剪影图标简介

在 App 界面中，剪影图标多用作底部导航栏图标或栏目前的小图标。相同外形的线性图标相较于面性图标表现力较弱，面性图标体积感较强，会更醒目，容易引起注意。抓住这样的特点，我们可以根据使用场景设计合适的剪影图标。常见的 App 界面底部导航图标在未选中状态下采用线性图标展示，在选中状态下采用面性图标展示，这样更方便用户通过图标对比清楚地知道当前 App 界面所属层级，并且能在界面切换中为用户提供准确的引导，如图 1-33 所示。

首页

消息

笔记

我

图 1-33

1.2.2 剪影图标案例

Illustrator 是矢量图形绘制工具，用它来制作剪影图标比用 Photoshop 更便捷。为保证图标外形的规范化和标准化，通常需要使用基础几何图形来绘制图标，运用布尔运算辅助实现标准图形的合并与裁剪，利用栅格系统辅助协调一整套图标的视觉平衡感。

1. 线性图标

（1）绘制栅格系统。

按快捷键 Ctrl+N 新建画布，将"宽度""高度"均设置为 1000px，"分辨率"设置为 72 像素 / 英寸，"颜色模式"设置为"RGB 颜色"。按快捷键 Ctrl+K 打开"首选项"对话框，选择"参考线和网格"选项，把"网格线间隔"设置为 4px，"次分隔线"设置为 4，如图 1-34 所示，单击"确定"按钮。

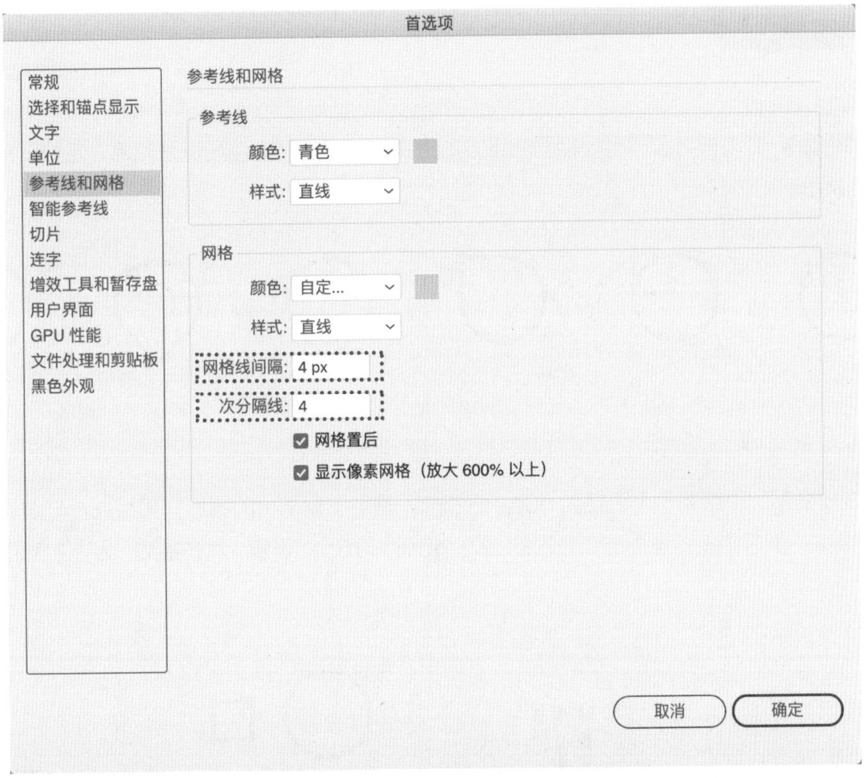

图 1-34

使用工具栏中的"矩形工具"绘制一个大小为 72px×72px 的正方形，作为图标导出的最大尺寸。接着绘制边框大小为 0.1pt 的正方形、圆形及矩形（横向和纵向），在接近 72px×72px 尺寸的基础上，保持这些图形在视觉上的面积近似，作为下一步衡量图标大小的参照，如图 1-35 所示。修改边框透明度为 80%，形成色彩区分，便于后期调整图标时区分栅格与形状。

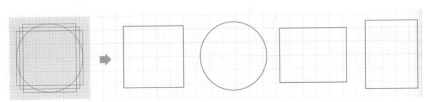

图 1-35

小贴士

启用网格辅助线的快捷键为 Ctrl+'，网格辅助线可以辅助对绘制的图形进行对齐。另外，在"视图"菜单中，取消选中"对齐网格""对齐像素""对齐点"选项，如图 1-36 所示，这样能方便手动对齐图形和防止绘制过程中因图形边缘虚化而产生半像素的效果。

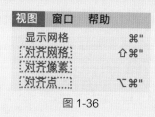

图 1-36

（2）布尔运算。

定位图标案例

扫码看视频

🖥 设计方式

用一个圆形和一个边长与圆形半径相同的正方形组合，即可得到定位图标外轮廓，定位图标的绘制步骤如图 1-37 所示。

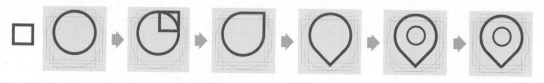

图 1-37

首先，在栅格系统中绘制一个直径为 50px 的圆形，略小于栅格中的圆形，再绘制一个边长为 25px 的正方形，在"描边"面板中设置圆形与正方形的描边"粗细"为 3pt，设置"对齐描边"为"使描边内侧对齐"，如图 1-38 所示。

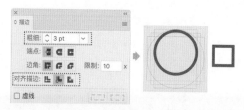

图 1-38

其次，在"对齐"面板中设置对齐对象的方式，使正方形与圆形上对齐和右对齐，如图 1-39 所示。同时选中这两个形状，在"路径查找器"面板"形状模式"选项组中选择"联集"选项，定位图标的外轮廓就制作好了，如图 1-40 所示。

图 1-39   图 1-40

在"变换"面板中设置"旋转"角度为 135°，把定位图标的尖端旋转到垂直向下的位置，如图 1-41 所示。

图 1-41

最后，绘制一个直径为 22px 的圆形，设置描边"粗细"为 2pt，与直径为 50px 的圆形进行同心对齐。用"直接选择工具" ▷ 选中定位图标尖端的锚点并双击，在"边角"对话框中设置"半径"为 3px，让尖端圆润一些，如图 1-42 所示。

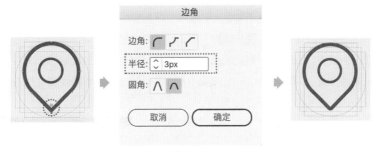

图 1-42

在"描边"面板中，"对齐描边"有 3 个选项，分别为"使描边居中对齐""使描边内侧对齐""使描边外侧对齐"，形状的实际尺寸会受到这 3 个选项的影响。在画布中绘制 3 个边长为 50px、边框粗细为 6pt 的正方形，设置"对齐描边"选项均为"使描边居中对齐"，在正方形被选中的情况下，我们可以清楚地看见 3 个正方形的路径都在边框的正中间显示，如图 1-43 所示。

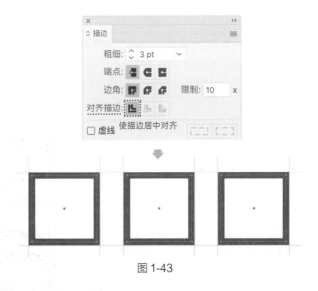

图 1-43

在画布中绘制 3 个边长为 50px、边框粗细为 6pt 的正方形，从左到右分别把它们的"对齐描边"选项设置为"使描边居中对齐""使描边内侧对齐""使描边外侧对齐"，如图 1-44 所示。我们发现在路径固定的情况下，"使描边内侧对齐"状态下的正方形描边在路径内侧，正方形收缩到路径轮廓以内；"使描边外侧对齐"状态下的正方形描边在路径外侧，正方形沿路径轮廓以描边宽度向外扩大。所以即便路径相同，不同的"对齐描边"设置也会导致形状大小发生变化。那么在图标设计中，我们应该选择何种"对齐描边"方式才能准确地设定统一的图标尺寸呢？答案是"使描边内侧对齐"——让形状轮廓限定在路径边框以内，图标形状的外轮廓尺寸即可与路径尺寸一致。

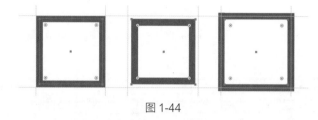

图 1-44

另外，在"描边"面板中，"端点"和"边角"的设置在图标设计中也比较常用。"端点"的设置主要针对线的应用，如图 1-45 所示，线段的"端点"设置为"平头端点"时，线头顶端呈现平整的状态，线段端点位置与路径端点位置持平；设置为"圆头端点"时，线段端点处形成以路径顶端为圆心的圆头形状，圆头形状顶端超出路径端点位置；设置为"方头端点"时，线段端点处形成以路径顶端为中心的方头形状，方头形状顶端超出路径端点位置。"圆头端点"比较常用，它可使图标中的转折线条看起来更圆润流畅。

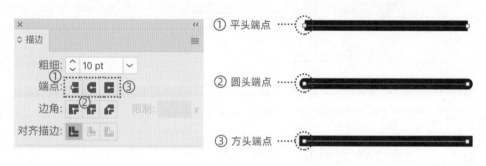

图 1-45

"边角"的设置主要用以调整有转折的形状轮廓，不对单一线段产生作用。以矩形为例，设置"边角"为"斜接连接"时，转角处为最常见的直角矩形；设置为"圆角连接"时，转角处轮廓形状由直角变为圆角；设置为"斜角连接"时，转角处轮廓形状由直角变为斜切角，如图 1-46 所示。在图标设计中，可以根据图形创意的需要选择对应的边角设置。

图 1-46

齿轮图标案例 ▶

⊟ 设计方式

绘制一个纵向矩形并调整其形状；复制图形并使用"旋转工具" 🔄 使其围绕同一中心点按 45°等分角度旋转；将所有图形整体合并形成外轮廓基础形状；绘制一个中心对称的大圆形；将外轮廓基础形状与圆形合并，得到齿轮形状；再绘制一个小圆形置于齿轮形状中心。绘制步骤如图 1-47 所示。

图 1-47

绘制一个高为 56px、宽为 14px 的矩形，将描边"粗细"设为 3pt，"对齐描边"设置为"使描边内侧对齐"，如图 1-48 所示。

为了让齿轮形状更真实饱满，可以将矩形左右两侧的直线边调整为向外凸出，即让矩形中部产生"膨胀"感，具体操作如下。①在矩形两条长边的中点上（可使用参考线来辅助定位中点）使用"曲率工具" 🖊 分别添加锚点。②由于矩形的 4 个顶点都有弧度手柄，直接移动和弯曲添加的"中点"会使矩形走形，所以还需处理 4 个顶点的手柄让其缩回与顶点重合。使用"直接选择工具" ▷ 选中一个顶点，并按住 Shift 键，让图 1-49 所示红色虚线框中的手柄端点垂直往顶点移动直到其与顶点重合并消失，对其余的 3 个手柄端点进行同样的调整；或直接选中"锚点工具" ⌐ 并单击 4 个顶点。③针对两边中点的锚点分别按左、右方向键进行两次移动，得到"膨胀"的矩形。④为了使矩形看起来圆润一些，将 4 个顶点的边角"半径"设置为 3px，如图 1-49 所示。

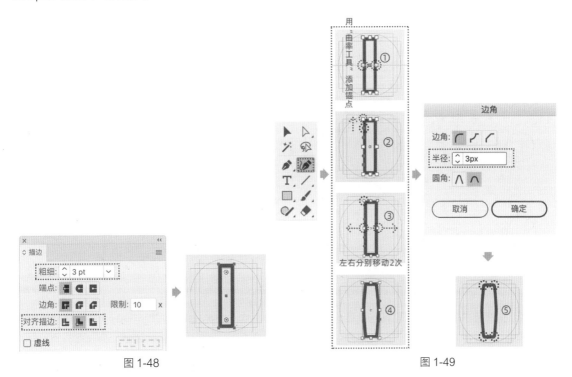

图 1-48

图 1-49

复制调整好的图形，并将其旋转 45°，按快捷键 Ctrl+D 重复复制和旋转操作两次，得到一个规整的花朵形状。选中全部形状，在"路径查找器"面板"形状模式"选项组中选择"联集"选项，得到图 1-50 中④对应的类似花朵的形状，如图 1-50 所示。

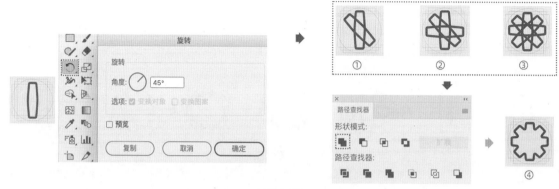

图 1-50

再绘制一个直径为 46px 的圆形，同时选中上一步得到的花朵形状，设置"水平居中对齐"和"垂直居中对齐"，在"路径查找器"面板"形状模式"选项组中选择"联集"选项，得到齿轮图标外轮廓。此时圆形与花朵形状相交处得出的形状较为尖锐，而齿轮图标与上一案例中的定位图标为同系列图标，为使图标风格达到视觉上的一致性，选中该形状并设置锚点"边角"对话框中的"半径"为 3px，使其变得更柔和、协调。也可以手动拖曳图 1-51 所示红色虚线圈内的锚点，对实时边角构件进行调整。最后，绘制一个外环直径为 24px，描边"粗细"为 2pt 的圆形。

💡 **特别提醒：** 为了保证图标的统一性，内侧描边"粗细"采用与上一案例中定位图标的内侧描边"粗细"同样的 2pt，形成内环直径 22px。

选中花朵形状和该圆形，设置"水平居中对齐"和"垂直居中对齐"，齿轮图标绘制完成，如图 1-51 所示。

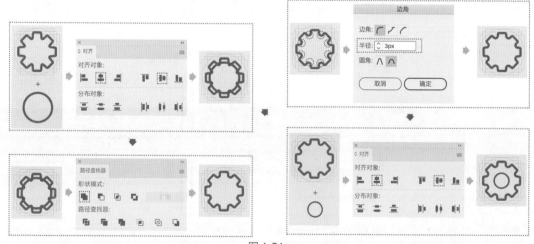

图 1-51

一套系列图标中的物品形态结构各有差异，如果完全按照实际的物理尺寸去规范图标大小，会造成视觉上的不平衡，所以在画好图标后，可以借助栅格系统对图标的面积和重心位置进行调整，使同系列的不同图标在视觉上形成一致性，如图 1-52 所示。

图 1-52

2. 面性图标

制作同款造型的面性图标时，并不是对制作好的线性图标进行简单的反白处理，而是需要进行细节调整。我们以图 1-53 所示红色虚线框中的两组图标为例，介绍面性图标的制作过程。

图 1-53

第一组回收站图标。如果直接对线性图标进行反白处理，那么回收站图标中间的 3 个细描边镂空条形将会显示为无描边的实心条形，在黑色的图形背景中显得过于突出，视觉上显得更粗壮。因此需要调整 3 个条形的粗细，将黑色图形中的条形宽度适当变窄，以平衡因较强的色彩对比所产生的视觉缩放偏差。其次，回收站图标的"盖子"和"桶身"在线性图标中是由路径描边拼接组成的结构清晰的闭合图形。而在面性图标中，由于块面代替了描边，"盖子"和"桶身"两个部分无法借助线结构体现出独立的形态关系，因此在这个面性图标案例中，我们需要对这两个形态做位置关系分离处理，让"盖子"和"桶身"中间形成明显空隙，以体现准确、清晰的图形组合关系。

第二组气泡图标。如果气泡中的描边小圆形直接反白为黑底中的实心圆形，在视觉上也会显得过于突出，解决办法为缩小气泡里圆点的大小，以平衡视觉偏差。

同理，面性图标中的二级线条可以比线性图标中的二级线条更细一些，以此来达到视觉平衡。

1.3 MBE 图标

MBE风格的图标可以说是剪影图标的延伸，图形色彩鲜艳、简洁、圆润可爱，它的原创作者是法国设计师 MBE，MBE 风格因此而得名。MBE 于 2015 年在追波（dribbble）网站上发布了他的插画，并受到一众设计师的好评，这种风格从此流行起来，MBE 图标如图 1-54 所示。

图 1-54

1.3.1 MBE 图标简介

　　MBE 图标的主要特点为色块偏移填充、粗线条描边、断线。

　　1）断线处理和重色描边。MBE 图标的描边使用粗线条及重色，但粗线条描边颜色过深容易使图形显得厚重，因此采用非连续性线条制造间隔的节奏感，能够有效打破封闭沉闷的视觉感受。断线的位置和数量并不固定，可根据图标的整体情况进行处理。线条端点一般采用圆头，使图标看上去更加可爱。

　　2）色块的偏移和细节装饰。MBE 图标除断线描边以外的最大特点就是色块偏移，使用错位填色的方式来塑造物体的投影和高光部分。另外 MBE 图标常用彩色小元素，如"烟花""圆点""十字""圆圈"等进行装饰，制造活泼有趣的小气泡的效果，如图 1-55 所示。

图 1-55

　　3）色彩搭配。MBE 图标常见的配色有单色系、邻近色与互补色、邻近色与类似色。

　　单色系图标。单色系图标通常指使用同一颜色或不同明度的邻近色相的同系列图标，如图 1-56 所示。

图 1-56

　　邻近色与互补色搭配的图标。邻近色是指在色相环上跨度在 60° 以内的颜色。互补色是在色相环上跨度为 180° 的两种颜色。图 1-57 所示的图标中，左边房子图标主要由蓝色和红色构成，配色互补，这样的颜色搭配对比鲜明，容易吸引人的注意力；最右边的卡片图标主要由红色和橙色构成，属于邻近色范畴，色彩和谐饱满。

图 1-57

　　邻近色与类似色搭配的图标。在色相环上 90° 角内相邻近的颜色统称为类似色。这类搭配颜色对比不如互补色那么强烈，显得自然统一。图 1-58 所示图标中的绿色和蓝色即为类似色。

图 1-58

除了以上主要特点，我们还会看到一些 MBE 图标底部有水平装饰线，或是图标中带有表情符号，这些装饰均可根据所设计图标的创意特色适当地增加或删减，以符合图标设计主题风格为最终目标。

1.3.2　MBE 图标案例

MBE 图标可以看作线性图标和面性图标的结合，线为图标的轮廓，面为图标的颜色。

汉堡图标案例 ▶

扫码看视频

🔲 **设计方式**

根据图形创意，绘制组成汉堡形状的色块，并进行错位偏移制造光影效果；接着对汉堡形状进行描边，并对描边做断线处理，最后绘制小装饰，如图 1-59 所示。

图 1-59

按快捷键 Ctrl+N 新建画布，在画布中绘制边长为 72px 的正方形外框，边长为 64px 的正方形内框，如图 1-60 所示，形成简单的栅格，辅助后续图标的绘制。

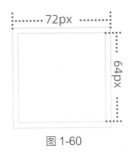

图 1-60

根据图形创意运用布尔运算做出汉堡的面包部分。绘制一个直径为 62px 的圆形，再绘制一个矩形，保证矩形在圆形的上一层，将其放到合适的位置。选中两个图形，执行"路径查找器"→"形状模式"→"减去顶层"命令，由下层圆形减去上层矩形，然后调整所得形状的边角，将"半径"设置为 3px，让边角圆润一些，形成可爱的图形风格，如图 1-61 所示。

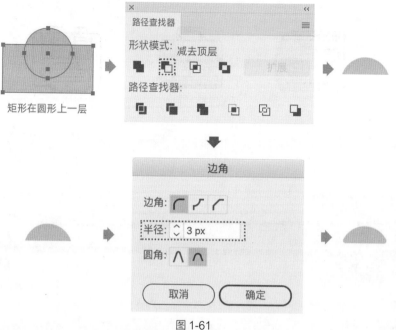

图 1-61

复制两个面包形状，执行"路径查找器"→"形状模式"→"减去顶层"命令，得到右侧阴影形状。复制一个右侧阴影形状，使之与之前的面包形状水平右对齐，全选执行"路径查找器"→"形状模式"→"减去顶层"命令，最后得到底部色块形状，如图 1-62 所示。

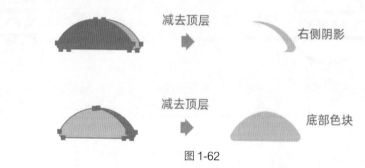

图 1-62

为了让汉堡底部色块颜色看起来更加立体有层次，我们以橙黄色为基调的明度推移来表现层次。绘制 4 个同样大小的矩形并依次排列，如设定光源在左侧，那么颜色明度从左到右依次变暗，色值分别为 #feda05、#ffcc01、#ffbf02、#ffaf04。选中绘制好的 4 个矩形按快捷键 Ctrl+G 编组，再旋转 45°，得到渐变色块组。将之前绘制好的面包形状置于渐变色块上层，同时选中色块与面包形状，单击鼠标右键或在"对象"菜单里执行"剪切蒙版"→"建立"命令，如图 1-63 所示。

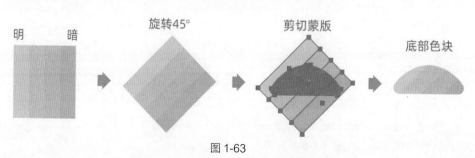

图 1-63

小贴士

Illustrator中的"剪切蒙版"位于窗口上方"对象"菜单里面，它的效果与Photoshop中的"剪贴蒙版"效果一致，都能把一幅图剪切到一个设定好的形状里面。使用Illustrator中的"剪切蒙版"命令，需要注意用于裁剪的形状一定要放在被剪图形的上层。若想在色相推移的底色块中嵌入杯子的形状，则需要把杯子形状置于底色块的上层，再在"对象"菜单里执行"剪切蒙版"→"建立"命令，如图1-64所示。注：杯子图形只作为"形状"使用，其颜色不对结果产生影响。

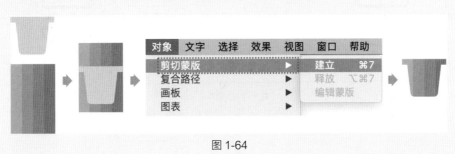

图 1-64

把之前做好的底部色块复制一份，使用"镜像工具" ，对形状进行"水平翻转"。在"镜像"对话框中，设置"轴"为水平，勾选"预览"选项，方便查看效果。此处翻转未设置旋转"角度"，是为了避免旋转"角度"让明度推移的方向产生变化。最后把绘制完成的图形都放入绘制好的栅格中，如图1-65所示。

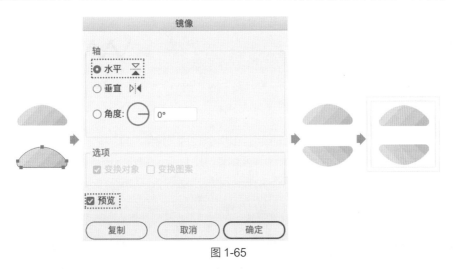

图 1-65

选用较粗的线条来描边，在"描边"面板中设置"粗细"为3pt，"端点"设置为"圆头端点"。本套快餐图标以较为鲜亮的橙黄色为主色调，因此线条的颜色可选用深紫色来形成鲜明对比，色值为#24037f。绘制两个面包形状中间的波浪线时，可以先绘制一条与面包形状宽度一致的直线，描边参数与面包形状的描边参数一致。在顶部"效果"菜单里对绘制的直线执行"扭曲和变换"→"波纹效果"命令，在"波纹效果"对话框中，设置"选项"选项组中的"大小"为4px，"每段的隆起数"为4；单击"点"选项组中的"平滑"单选按钮，并勾选"预览"选项，就可以看到波浪线的效果，如图1-66所示。如果效果不佳还可以继续调整上述参数直到实现理想效果为止。这种绘制波浪线的方式步骤简单、效果规范，推荐读者朋友们尝试使用。

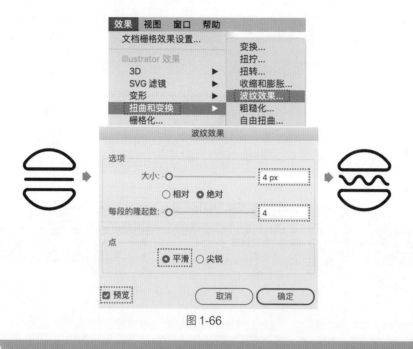

图 1-66

小贴士

波纹效果的其他用法：将"波纹效果"对话框里的"点"设置为"尖锐"，即可绘制出规律的折线，如图 1-67 所示。

图 1-67

MBE 图标设计中，断线处理也有一定的技巧。例如，使用"钢笔工具" ✐，在绘制好的线条上任意添加 3 个锚点，然后用"直接选择工具" ▷ 选中中间锚点，按 Delete 键删除锚点，就得到了图 1-68 所示③对应的断开的线条效果。线条在断开的位置还需一个小圆点作为装饰，绘制一个小圆形，放在断开线条的中间位置即可，绘制过程如图 1-68 所示。

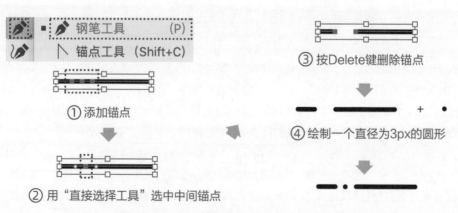

图 1-68

在上层面包形状左上角位置进行断线处理。案例中的汉堡图标造型相对简洁，为了给它增加一点细节，在中间的波浪线右端也同样增加一个直径为 3px 的圆点，如图 1-69 所示。这样既增添了活泼感，又延续了断线加圆点的风格，保持系列图标特点的一致性。

图 1-69

在栅格里把之前绘制好的底部色块置于汉堡轮廓描边线之下，并设置为右对齐，制造出底色偏移效果，在左侧适当留出空白。然后把绘制好的右侧阴影放置于渐变色块之上、描边轮廓之下。接着绘制一条粗细为 2pt 的短线和一个直径为 2px 的圆形，颜色均为白色，色值为 #ffffff，作为汉堡的高光，放在图标左上角适当的位置，如图 1-70 所示。

图 1-70

为图标加上小装饰，会让 MBE 风格更加突出。小装饰中的"烟花"可以采用之前绘制齿轮线性图标的操作方法来绘制，如图 1-71 所示。首先绘制两条短线作为基础的单元图形，复制单元图形并旋转 60°，随后按快捷键 Ctrl+D 连续复制并旋转图形两次，完成"烟花"形状的绘制。其颜色可以选择图标的同类色、固有色、对比色等，此案例选用该系列图标里的绿色，色值为 #71ca30。

图 1-71

"小星星"的绘制方法也非常简单，绘制一个边长为 12px 的正方形，选择"直接选择工具" ▷.，在按住 Shift 键的同时，逐一单击 4 个边角控点直至控点全部被选中；双击控点打开"边角"对话框，将"边角"设置为"反向圆角"，"半径"可根据"星星"大小进行合理设置，在此案例中设置为 6px，如图 1-72 所示。

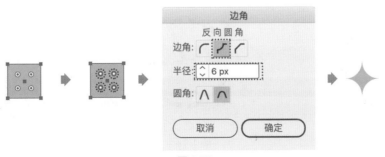

图 1-72

其他小装饰的画法与此类似，不再赘述。根据设计的图标形态和配色，合理安排细节装饰的大小与位置，汉堡图标绘制完成，如图 1-73 所示。

图 1-73

整套 MBE 风格的快餐图标如图 1-74 所示。在栅格基础上其视觉大小保持统一，并在造型特点上保持圆润统一，断线位置统一为左边，断线的间距、阴影大小等保持一致。整套图标呈现出视觉上的统一性，形成了系列感。

图 1-74

小贴士

比萨图标的扇形轮廓除了可以应用布尔运算，即执行"路径查找器"→"联集"命令实现，还有更快捷的方法。绘制一个圆形，在用"选择工具"选中图形的状态下，能看到图形右边开口处的横线端点上有可以调节图形的手柄，手柄能够围绕圆心进行 360° 的任意角度旋转，从而可以绘制出任意角度的扇形，如图 1-75 所示。

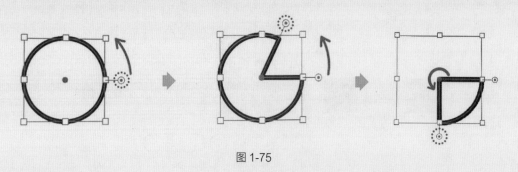

图 1-75

1.4 扁平化图标

"Flat Design"——"扁平化设计"这个概念在 2008 年由 Google 公司提出。生活中我们比较熟悉且能明显识别出的扁平化设计是微软公司的 Windows 8 系统图标，这套系统图标推出了扁平化的界面设计，后来苹果公司的 iOS 7 将扁平化设计做出了更好的推广应用。图 1-76 所示的 iPhone 界面展示了拟物化图标与扁平化图标的区别，其中左侧为 iOS 6 界面，图标为拟物化风格；右侧为 iOS 7 界面，图标为扁平化风格。近年来，扁平化图标风格已风靡全球，与拟物化图标相比，扁平化图标更加简洁，在设计上去除冗余、厚重和繁杂的装饰效果，让人更专注于信息、功能本身；在设计元素上强调抽象、极简和符号化。

图 1-76

1.4.1 扁平化图标配色特点

良好的色彩处理有助于用户获得舒适的视觉体验与使用感受。配色设计可以借助图形实现更好的扁平化效果。

色彩的三要素——色相、明度、纯度，能帮助我们更好地认识色彩本身。

色相是色彩所呈现出的面貌，是色彩区别于其他色彩的表现特征，也可以称为"色彩名字"，如红、黄、蓝等。

明度是色彩的明暗程度。

纯度是色彩的强弱、鲜艳程度、饱和程度，通常以色相在色彩中所占比例的高低来判断纯度的高低。色彩越鲜艳纯度越高，反之越低。

在艺术设计中配色讲究对比与统一。在配色的主流应用方式中，常见的有色相一致、明度一致及纯度一致的搭配，这些应用方式在许多优秀的设计作品都有所体现。例如，图 1-77 所示的 4 个图标，虽然每一个图标的色相都有所不同，但保持了在纯度上的一致性，在明度上也相似。所以即使色相各不相同，也能在整体搭配上制造舒适和谐的效果。

图 1-77

1.4.2 扁平化图标风格

扁平化图标的几种主流风格：常规扁平化、长投影装饰、轻渐变、折纸风。

常规扁平化即色块的扁平化，图标呈现纯平面效果，具有简洁、色彩明朗、设计感强烈、可识别度高等特点，如图 1-78 所示。

图 1-78

长投影的加入，让扁平化图标的光影空间效果与层次感更强了，如图 1-79 所示。

轻渐变也是扁平化风格，使用该渐变样式的图形的色相变化通常不会过大，但比单一色相的纯色块看上去更为轻盈灵动，具有一定的透叠层次变化，如图 1-80 所示。

图 1-79   图 1-80

折纸风格虽然主要使用单色块图形，但借助折叠处的颜色深浅营造了空间立体感，并强调了"折叠"样式的特色创意效果，如图 1-81 所示。

图 1-81

上述几种风格是目前应用较广，具有代表性的扁平化图标风格。运用扁平化风格还可以设计出很多简洁漂亮的图形，或是实现多种特点结合使用的设计形式。总之，扁平化设计形式相对简洁，功能清晰明确，带有适度的设计感。

1.4.3 扁平化图标案例

通常启动图标、功能图标等大多都由 3 个部分组成：底色框、主视角和图标名，如图 1-82 所示。

手机淘宝 ·············· 图标名

图 1-82

接下来以制作包含长投影和轻渐变效果的扁平化图标为例，介绍扁平化图标的制作方法。

浏览器图标案例 ▶

Ps Ai Ae

扫码看视频

◻ 设计方式

在栅格中绘制底色框，然后使用布尔运算绘制主视角二分圆环外形，并添加渐变色，最后绘制二分圆环的长投影效果，如图 1-83 所示。

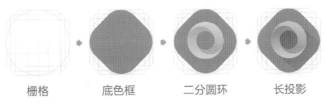

栅格　　　　底色框　　　二分圆环　　　长投影

图 1-83

图标底色框并非固定使用圆角矩形或常规几何图形，特别是创意主题图标设计，可根据主题设计任意形状的底色框，但依然需要保持视觉效果的一致性。底色框的绘制过程如图 1-84 所示。先绘制尺寸为 192px×192px 的栅格，再绘制一个正方形，并将其旋转 45°得到菱形，修改"边角"对话框中"半径"的参数值为 56px，让菱形的转角变为圆角，将圆角菱形等比缩放，放置在栅格的圆形辅助线中，调整其大小至尽量与圆形辅助线等大，并让圆角菱形与圆形中心对齐，设置圆角菱形的颜色值为 #f17679。

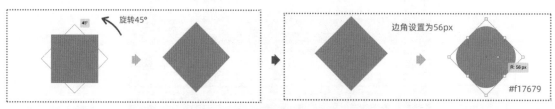

图 1-84

二分圆环由两个形状一样但旋转角度不同的"弯钩形"拼合而成，如图 1-85 所示。从图中可以看出"弯钩形"由橙色部分和蓝色部分形状构成，橙色部分和蓝色部分形状的制作是绘制的重点。

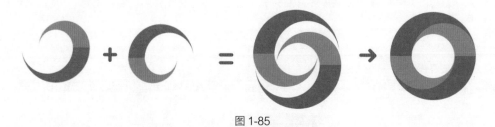

图 1-85

橙色部分和蓝色部分形状都是由两个圆相切并相减而成的，橙色部分和蓝色部分拼接处的宽度必须一致，才能完美拼合，因此也需要注意圆环形状是由两个同心圆相减得到的，圆环的宽度即橙色部分和蓝色部分拼接处的宽度。有了这些认识，就可以准确地计算出绘制图形所需的关键数据。此处为方便计算，所有参数设置都以简单的整数为例。制作"弯钩形"需要 3 个不同大小的圆，如设置大圆直径为 300px，小圆直径为 150px，那由（300px – 150px）/2=75px，得出圆环的宽度为 75px。橙色部分由小圆和中圆在相切位置相减，再去掉该形状的一半得到；蓝色部分由大圆和中圆在相切位置相减，并去掉该形状的一半得到。所以中圆的直径为小圆直径 + 圆环的宽度：150px+75px=225px。计算过程如图 1-86 所示。在制作时可根据上述方法自行设定大、小圆的直径，案例中小圆的直径正好是大圆直径的一半，小圆的直径决定了圆环的宽度，也可根据实际需要设置相应的圆环宽度。

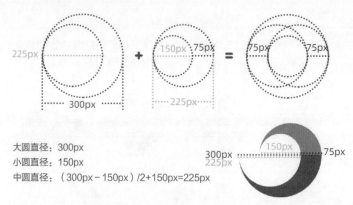

大圆直径：300px
小圆直径：150px
中圆直径：（300px – 150px）/2+150px=225px

图 1-86

根据上述原理进行操作，得到小圆和中圆相减、大圆和中圆相减的形状后，另绘制两个矩形，分别通过执行"路径查找器"→"形状模式"→"减去顶层"命令得到上下两部分；再执行"路径查找器"→"形状模式"→"联集"命令把上下两部分拼合起来得到"弯钩形"，如图 1-87 所示。

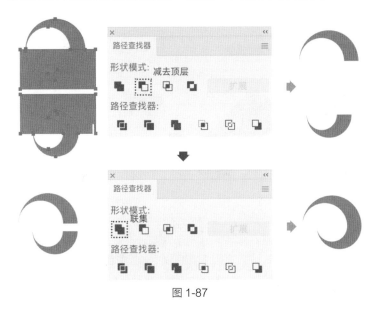

图 1-87

为增强图形层次感，我们为"弯钩形"添加适当的渐变效果。首先，选中"弯钩形"，双击工具栏"渐变"工具，打开"渐变"面板，将渐变"类型"设置为"线性渐变"，"渐变角度"设置为 -90°；接着，为让圆环实现从中心向外涡旋扭转的效果，将起点和终点的渐变色标均设置为白色（#ffffff），设置弯钩形头部（渐变起点）不透明度为 30%，弯钩形尾部（渐变终点）不透明度为 70%；最后，选中添加好渐变效果的"弯钩形"，按快捷键 Ctrl+C 复制，按快捷键 Ctrl+F 原位粘贴，右键单击选择"变换 - 旋转"选项，旋转"角度"为 180°，将两个"弯钩形"组合为一个二分圆环，具体步骤如图 1-88 所示。

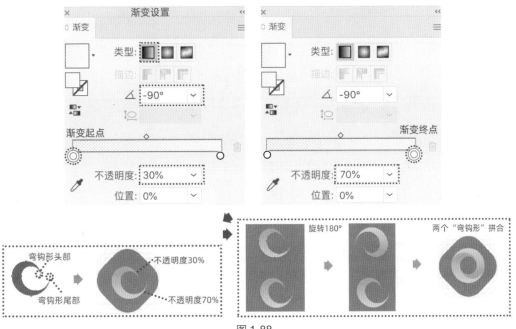

图 1-88

最后一步给图标绘制出立体的长投影效果。绘制一个垂直的圆角矩形作为长投影的轮廓形状，并将其逆时针旋转 45°，然后设置圆角矩形的渐变效果，设置渐变效果从左上到右下，渐变角度为 –45°，颜色由红色（#ce2939）不透明渐变到红色（#ce2939）全透明，如图 1-89 所示，并将长投影置于二分圆环的下一层。

逆时针旋转45°

#ce2939，不透明度100%

渐变角度-45°

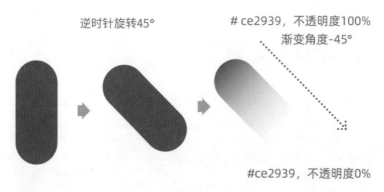

#ce2939，不透明度0%

图 1-89

此时二分圆环的颜色带有透明效果，为了不让其颜色受到长投影重叠的影响，产生明显色差，可绘制一个相同大小的圆环形状置于长投影的上层、二分圆环的下层，其颜色与底色框相同，色值为 #f17679。其次，长投影超出底色框的部分，可以用"剪切蒙版"工具剪去，如图 1-90 所示，让长投影准确包含在底色框内。注意在执行"剪切蒙版"命令时，一定要让底色框置于长投影之上。

底色框置于长投影之上　　执行"剪切蒙版"命令后

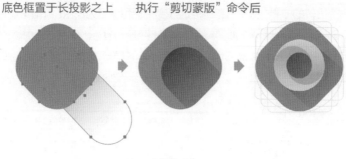

图 1-90

另外，长投影还可以用"混合工具"　　来制作，"混合工具"　　的具体使用方法见 1.5.2 小节，读者可以借此举一反三。

本套图标如图 1-91 所示，都采用了轻渐变、长投影风格，色彩上让各个图标的明度和纯度统一，结构上采取了左右对称的效果，从而保持了整套图标视觉上的一致性。

Browser　　　　　Setting　　　　　Voice　　　　　Map

图 1-91

1.5 等距视图（2.5D）图标

等距（isometric）一词来自希腊语，意思是"平等衡量"。等距视图风格指的是绘制物体时每一边的长度都按绘图比例缩放，而物体中所有平行线在绘制时仍保持平行、永不相交的一种显示风格。等距视图风格的应用范围很广，常应用于 icon、插画、海报、游戏、动画等领域。20 世纪 80 年代初的街机游戏的游戏场景就采用了这样的风格来绘制，如建造类游戏《帝国时代》《红色警戒》《星际争霸》等，都运用了等距视图风格。现在大家熟悉的游戏《纪念碑谷》里的建筑场景也均应用了等距视图风格，如图 1-92所示。

图 1-92

1.5.1 等距视图风格特点

等距视图风格又称 2.5D 风格，2.5D 是介于 2D 和 3D 之间的一种立体效果。由于以这种风格绘制的物体同一侧面的线条平行，使得参考线上的每个单元形状可以快速无缝地拼凑在一起，所以搭建图形场景非常方便。以游戏中的赛车道的拼接为例，如图 1-93 所示。运用参考网格绘制等距视图图标并无固定形状规格限制，经过验证，参考正六边形网格绘制的等距视图图标的视觉效果更佳，因此参考正六边形网格进行绘制也是常用的辅助方式。图 1-94 所示图标的手绘草图也是在正六边形的网格本上完成的。

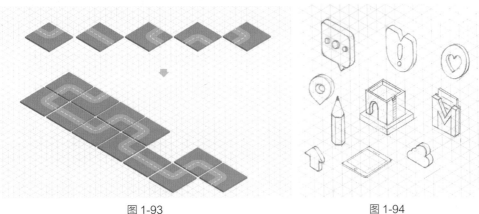

图 1-93   图 1-94

1.5.2 等距视图图标案例

1. 参考网格绘制

在绘制等距视图图标前，我们需要在画布上制作好正六边形的参考网格。先绘制一组垂直方向、间距相等的直线，再复制出两组直线，一组旋转60°，另一组旋转−60°，即可得到正六边形网格，如图1-95所示。

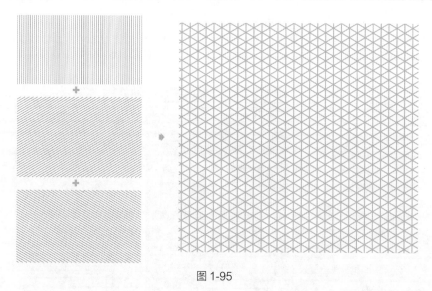

图 1-95

首先，按快捷键Ctrl+N新建一张尺寸为1000px×800px的画布（尺寸自定，建议使用大尺寸，可减小视觉误差）。选中工具栏中的"直线段工具" ，在"直线段工具选项"对话框中设置"长度"为1000px，"角度"为90°，如图1-96所示，绘制一条垂直方向、粗细为1pt的直线。

接着，复制刚创建的直线，并将两条直线分别置于同一水平线上左右两端。在工具栏里选择"混合工具" ，然后分别单击两条直线，再次回到工具栏双击"混合工具" 或者按Enter键，弹出"混合选项"对话框，设置"间距"为"指定的步数"，值为80，得到图1-97所示的从左到右间距均等的82条垂直线（先画好的两条再加上通过步数设置得到的80条）。

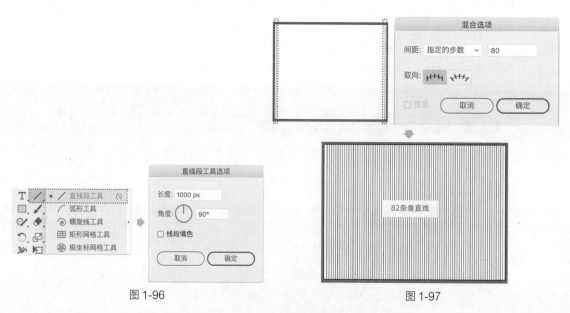

图 1-96   图 1-97

最后，选中混合后的 82 条线，按快捷键 Ctrl+C 复制，再按快捷键 Ctrl+F 原地粘贴。选中复制后的 82 条线，在顶部"对象"菜单里执行"扩展"命令，单击"确定"按钮，把组合的 82 条线释放为独立线条，删掉一条线，留下 81 条线，按快捷键 Ctrl+G 将其编组，再复制一份 81 条线。

将第一份 81 条线旋转 60°，第二份 81 条线旋转 –60°，即可得到正六边形网格。

小贴士

若垂直的线条数量为双数，那么用于旋转的线条的数量必须为单数才能绘制出正六边形网格，确保图形绘制精准。

2. 图标绘制

气泡图标案例 ▶

扫码看视频

设计方式

先绘制图标的正面视角图形，然后运用顶部"效果"菜单中的命令对图标元素进行立体变形，最终得到等距视图风格图标。

首先，运用布尔运算绘制气泡图标正面图。绘制一个大小合适的圆角矩形和一个三角形，选中二者，打开"路径查找器"面板，选择"形状模式"选项组中的"联集"选项，做出圆角矩形气泡框，再画上 3 个间距相等的圆点，即可完成正面图绘制，如图 1-98 所示。

图 1-98

其次，选中气泡形状，执行"效果"→"3D"→"凸出和斜角"命令，弹出"3D 凸出和斜角选项"对话框。设置"位置"为"等角 - 左方"，"凸出厚度"为 15pt，其他参数保持默认设置，勾选对话框左下角的"预览"选项，可实时查看设置后的形状变换效果，如图 1-99 所示。

图 1-99

继续选中制作好的模型，执行"对象"→"扩展外观"命令，按快捷键 Ctrl+Shift+G 取消编组，将模型的各个面释放为独立可拆分图形。选中用以表现模型厚度的各个部分，打开"路径查找器"面板，选择"形状模式"选项组中的"联集"选项，如图 1-100 所示。

图 1-100

最后，模拟出光源来自左上方的效果。先将左面变换后的气泡形状的颜色设置为 #12b5a5，再打开"渐变"面板，按照最亮—亮—暗—最暗的顺序设置表现厚度部分的渐变效果，渐变颜色的参数设置如图 1-101 所示。至此，气泡框的效果就完成了。

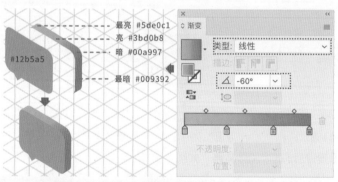

图 1-101

选中气泡上 3 个圆点的平面图，再次利用"凸出和斜角"命令对其进行变换并上色，最终完成等距视图气泡图标的绘制，如图 1-102 所示。

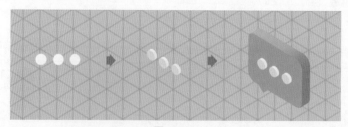

图 1-102

小贴士

气泡上的 3 个圆点还可以运用"混合工具" 轻松地做出来。先绘制好等距视图风格的圆点，复制一份并沿着正六边形参考线放置，选中两个圆点，并双击"混合工具" ，弹出"混合选项"对话框，设置"间距"为"指定的步数"，值为 1，单击"确定"按钮。共需要 3 个圆点，已有的两个再加上通过步数设置的一个即 3 个，如图 1-103 所示。

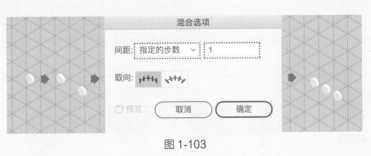

图 1-103

"混合工具" 的用途很广，可以用来制作多种连续的图形。例如制作楼房上的窗户时，使用"混合工具" 比逐一复制更为简单快捷。使用"混合工具" 还可以将一个图形转换为另一个图形，设置好中间的步数，就能制作出转换的过程。前面章节中制作扁平化图标所用到的长投影效果，也可以用它来实现。目前很多潮流风格的设计里就运用了这个工具进行图形创意设计，例如海报中的字母变形设计，如图 1-104 所示。

图 1-104

爱心图标案例 ▶

扫码看视频

🖵 设计方式

　　爱心的平面图可以用两个"矩形"通过"路径查找器"面板中的"联集"命令得到。先绘制一个矩形，然后把上方两个顶点上的"边角"参数值调到最大，使其呈现半圆状态，再将图形逆时针旋转 45°。按快捷键 Ctrl+C 复制图形，再按快捷键 Ctrl+F 原地粘贴，执行"镜像"命令，得到一个对称的图形，然后将这两个图形用"路径查找器"中的"联集"命令拼合，得到爱心形状，并使用"描边"功能画上微笑弧线，如图 1-105 所示。为了让爱心图标和气泡图标保持视觉效果一致，将爱心的底部顶点往上移动到合适位置，使锐角部分显得不过于突兀。

图 1-105

　　绘制等距视图爱心图标时，要注意在使用"凸出和斜角"命令设置角度等参数时，一定要和气泡图标的设置保持一致，表现爱心厚度部分的渐变色依旧按照最亮—亮—暗—最暗的顺序设置，渐变的角度和位置也要保证与气泡图标一致，才能实现图标形式的统一，如图 1-106 所示。

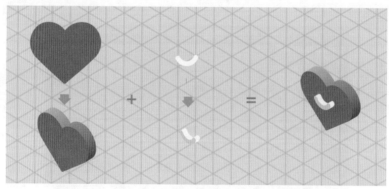

图 1-106

　　图 1-107 所示的所有等距视图图标都是用前文的"凸出和斜角"命令制作的。每个图标都保持了透视的一致、厚度的视觉统一、色彩的和谐。

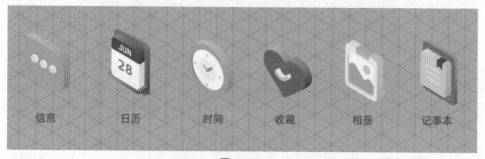

图 1-107

1.6 像素风图标

　　"pixel"——像素这个单词由"picture"和"element"构成,直译为图片的元素。像素风格(也称"马赛克"风格)属于点阵式图像样式,图 1-108 所示的游戏《超级玛丽》的图标就是像素风图标。Web 1.0 时代网络上流行的很多 GIF 小动画也都是像素风格的画面。由于当时的技术条件限制,屏幕分辨率较低,因此呈现出这样的画面,但随着技术的发展目前的屏幕均为高清屏。如今,像素风的图形设计看上去十分复古怀旧,并在原来的单一图形样式上开发了新的创意,作为新的设计趋势流行起来,受到年轻朋友们的喜爱。

图 1-108

1.6.1 像素风图标特点

　　像素风图标设计就是模拟像素格的样式来绘制图标。图 1-109 所示为圣诞主题的像素风图标,特别像拼接起来的乐高玩具;图 1-110 所示为像素风复古主题系统图标。

图 1-109

图 1-110

像素风图标的主要特点如下。

1）色彩的限制。即用尽可能少的色相和像素格去表现图形，并选择简单明快的色彩搭配。

2）线条清晰，突出外轮廓，线的走势和角度取决于像素的排列规律。图 1-111 所示的两条曲线，左边的是用画像素画的方法绘制的，右边的是用"钢笔工具" 绘制的。从左边放大的曲线细节可以看出该曲线是由像素点构成的，边缘不平滑但形状轮廓很明确；而右边放大的曲线细节虽然可以看到像素颗粒，但细节呈现边缘虚化的效果，线条部分有明度上的变化，不是规范的像素风格线条。

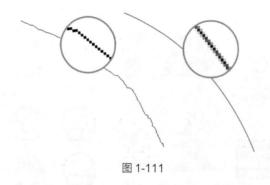

图 1-111

3）应用范围相对较小。依据像素的特性，我们可以把画布放大，直至能看清每一个像素网格，方便绘制。在制作时主要按单个像素逐一绘制图形轮廓，这决定了此类图标的尺寸不宜过大，只有小而明确的像素格才能充分体现图形特点，因此像素风设计的应用范围也相对较小。

1.6.2 像素风图标案例

1. 画笔的设置

按快捷键 Ctrl+K 打开"首选项"对话框，在"参考线、网格和切片"的"网格"选项组中设置"网格线间隔"参数为 1 像素，"子网格"参数为 1，如图 1-112 所示，单击"确定"按钮。回到画布按快捷键 Ctrl+'启用网格辅助线，将画布视图放大到最大，就能清楚地看到每个网格，且每个格子的尺寸为 1 像素 ×1 像素。

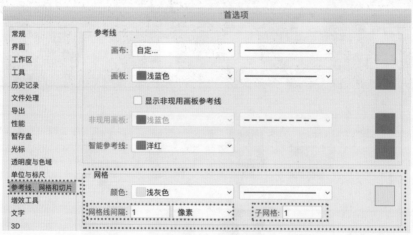

图 1-112

在工具栏中选中"铅笔工具" ，并把其"大小"设置为 1 像素，"硬度"设置为 100%，在画布上单击就能在网格中绘制出尺寸为 1 像素 ×1 像素的像素点，如图 1-113 所示，画笔设置完成。

图 1-113

2. 线条的表现

像素风格在图标中的表现力主要受图标形状的影响,通用型的图标讲究工整、对称,对线条的设计有一定要求,绘制时应尽量保持像素点有统一的排列规律。

(1)直线的绘制。

水平线、垂直线与平时的画法一样,但不同的斜线倾斜角度各异。表现斜线的几种常用方法如图 1-114 所示,从①到④的像素点规律示意分别如下。

1 个像素 +1 个像素 +1 个像素……(这样的画法斜线与水平线呈 45°。)

2 个像素 +2 个像素 +2 个像素……(这个角度的斜线在画像素风建筑插画时用得比较多。)

3 个像素 +3 个像素 +3 个像素……

3 个像素 +2 个像素 +3 个像素 +2 个像素……

图 1-114 已反映出斜线的角度规律:想要实现"锯齿形"斜线的角度平缓,就要增加单排的像素点。图 1-114 所示的③对应的像素直线(3 个像素 +3 个像素 +3 个像素……)的斜线角度一定小于①对应的像素直线(1 个像素 +1 个像素 +1 个像素……)的斜线角度。

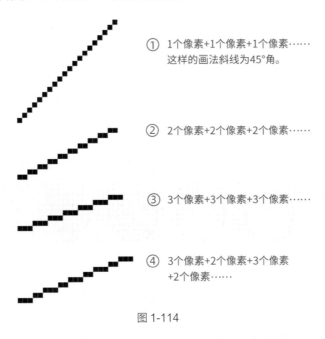

① 1个像素+1个像素+1个像素……
这样的画法斜线为45°角。

② 2个像素+2个像素+2个像素……

③ 3个像素+3个像素+3个像素……

④ 3个像素+2个像素+3个像素
+2个像素……

图 1-114

(2)曲线的绘制。

以 3 个大小不同的圆形为例,如图 1-115 所示,我们不难发现直径越大的圆所涉及的像素序列的数量越多,弧线过渡也更平缓。

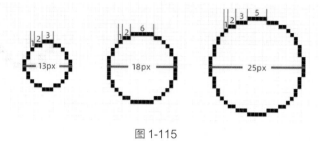

图 1-115

像素线条的绘制大都万变不离其宗，即保证像素点按照规律排列，且线条尽量不要交叠，顶点对顶点进行排列，绘制出的线条就会更流畅。

3. 像素风图标的绘制

把画布放大到 2000%，以看清每一个像素的网格辅助线。单击"铅笔工具" ，在对应的属性栏里把画笔"大小"设置为 1 像素，颜色设置为深色，按快捷键 Ctrl+Alt+Shift+N 新建一个图层，用"铅笔工具" 。在起点位置的像素格上单击，然后按住 Shift 键，并在终点位置的像素格上单击，就能快速绘制出一条直线。用此方法绘制一个边长为 16px 的正方形，设置不透明度为 10%，并锁定图层作为像素风图标绘制的参照边界。可在正方形的中心建立参考线，便于计算像素点，如图 1-116 所示。

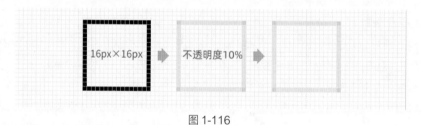

图 1-116

Photoshop 图标案例 ▶

扫码看视频

⌑ 设计方式

一个简单的像素风图标的设计方式为先绘制图标轮廓，然后根据形状进行上色，最后写上像素风文字，如图 1-117 所示。

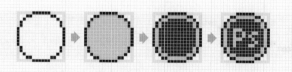

图 1-117

按快捷键 Ctrl+Alt+Shift+N 新建一个图层，在边长为 16px 的正方形的基础上使用"大小"为 1 像素，颜色为深色的"铅笔工具" 绘制一个直径为 16px 的圆形，使用前文讲述的曲线的绘制方法绘制圆形的 1/4 曲线，分别放在左上、左下、右上、右下 4 个方向上。当外框边长为偶数 16px 时，可以绘制出以像素格数量 3-2-1-2-3 为组合方式的 1/4 个圆，按快捷键 Ctrl+J 复制一份，再按快捷键 Ctrl+T 粘贴，单击鼠标右键进行"水平翻转"后，拼合成一个半圆，接着按快捷键 Ctrl+E 合并两个图层，然后以此类推画出整个圆的轮廓，并确保圆的轮廓在同一图层上，如图 1-118 所示；当外框边长为偶数 32px 时，可以绘制出以像素格数量 6-4-2-4-6 为组合方式的 1/4 个圆，进而画出整个圆的轮廓；当绘制其他外边长为偶数的圆时，以此类推，可以画出整圆。另外，如果像素点绘制有误，可利用"橡皮擦工具" ，来进行擦除，"大小"仍设置为 1 像素，"硬度"设置为 100%，单击要擦除的像素点，即可轻松擦除。

3—2—1—2—3
四分之一个圆

图 1-118

在轮廓内上色可直接使用"油漆桶工具" ，设置色值为 #000000，前提是保证图形轮廓为完全封闭状态。其次要注意使用"油漆桶工具" 上色时，要在顶部工具属性栏里取消勾选"消除锯齿"选项，如图 1-119 所示，这样颜色才能正常填充满图形，否则就会像图 1-119 中的右侧图形一样颜色溢出轮廓。

图 1-119

按快捷键 Ctrl+Alt+Shift+N 新建一个图层，依照绘制圆形外轮廓的方法，将色值设置为 #010f69，把里圈深蓝色的底色轮廓绘制出来，然后用填充的方式填上颜色。使用文字工具 在画布中任一位置单击，输入"Ps"，并将其放在图标的中心位置。根据深蓝色区域的大小算好文字所占的底色尺寸，高度为 6px、宽度为 8px，两字母中间留 1px 距离。"P"为大写字母，宽为 4px、高为 6px，"s"为小写字母，宽为 3px、高为 5px，文字的整体宽度正好为 1px+4px+3px=8px，如图 1-120 所示。字母"P"的右边是半圆，由于此案例尺寸有限，所以半圆的细节表现较少，但也遵守既有的曲线像素排列规律。

图 1-120

一整套像素风图标如图 1-121 所示，每个图标都有圆角，每个图标的弧线表现基本一致，都有深色的外轮廓，上部靠近轮廓处的像素点的颜色都比较亮等，这些都是为保证图标的统一性而设计的。

图 1-121

像素风图标案例的尺寸比较小,是为了凸显像素格的锯齿特点。如果需要绘制更大的像素风图标,可以将多个像素点合并成为一个单元形,自定义画笔来进行制作。例如案例中单元形大小为 1px×1px,绘制出的图标大小为 16px×16px,如果将单元形大小设置为 2px×2px,那么所绘制出的图标大小就会翻倍,变为 32px×32px,如图 1-122 所示。另外,图标尺寸设置得大,单元形尺寸设置得小,细节表现就会更丰富,设计者可根据需要进行设置。

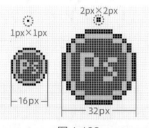

图 1-122

1.7 拟物化图标

拟物化风格在很长一段时间内都是图标设计的主流风格。拟物化图标与现实世界中的实物对象形态相仿,使得用户能够通过图标形象快速领会其用途。

1.7.1 拟物化图标特点

拟物化图标的特点为仿真设计,能使用户产生使用真实物体的代入感。但拟物化设计方式有时也因过于强调图标的视觉效果,而弱化了图标功能性的快速传达,使得交互效率降低。随着科学技术的进步,以及人们审美的转变,特别是与拟物化风格相对的扁平化风格产生后,轻拟物化图标(也称轻效果图标)开始流行起来,其视觉特点介于扁平化和拟物化之间,如图 1-123 所示。

图 1-123

拟物化图标设计的特点主要是通过在图标中添加高光、纹理、材质和阴影等效果,力求达到对实物造型和质感的再现。在设计过程中通常抓住实物的基本特征,并进行适当的强化,模拟实物的效果。拟物化图标可以使用户一眼认出其模拟的对象,并产生认同感。

1.7.2 图层样式解析

实物仿真效果可以通过 Photoshop 软件中的图层样式来实现。选用 Photoshop 进行绘制，是因它在制作光影效果的细节时操作更便捷，更易实现。在 Photoshop 里仿真的光影效果主要靠添加不同的图层样式来实现。打开"图层样式"面板的方法有两种，其一，按快捷键 Ctrl+N 新建画布后，随意绘制图形或是添加图片、文字，选中对象，直接在软件顶部的"图层"菜单中找到"图层样式"子菜单，能看到其中的各种设置命令，如图 1-124 所示。

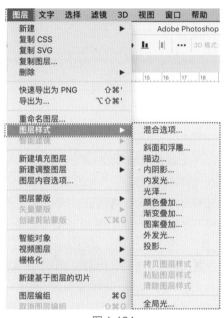

图 1-124

其二，在图层中绘制图形或是添加图片、文字后，在"图层"面板里选中该图层并双击，会直接弹出"图层样式"面板，此方法更为便捷，如图 1-125 所示。

图 1-125

"图层样式"包含的效果众多，较为常用的有"投影""内阴影""外发光""内发光""渐变叠加""颜色叠加""描边""斜面和浮雕"等。要理解这些效果并不难，但因样式效果的数量、可设置的参数都很多，初学者往往望而生畏，实际上我们只需把这些效果进行归类总结，学起来就容易多了。

本书将常用的样式效果归纳为 3 类—— 一、二、四，以辅助理解。"一"为一侧效果；"二"为两侧效果；"四"为四面效果。

（1）一侧效果。

一侧效果通常指的是"影"，所谓一侧，对应的是"有光便有影，一光一影"的现实场景。如果光源从左侧来，则物体的影子呈现在右侧，前提是一个光源对应一个投影。无论是"内阴影"样式还是"投影"样式都遵循此规律，如图 1-126 所示。因此，如需设计效果在一侧时，可通过制作投影来实现。

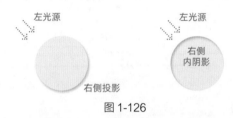

图 1-126

对于"投影"效果的参数设置，有几项常规设置比较重要，如图 1-127 所示，它们能保证一般投影效果的实现。"角度"参数用来设置投影的位置，如设置为 120 度，光源就在左上方。勾选"使用全局光"选项针对的是当前画布的所有图层，主要是为了保证所有图层的光源一致。图标设计往往不只是单个图标的设计，设计师要在符合实际规律的前提下尽量保证一整套图标的投影角度统一，也就是遵守一致性原则。所以，当绘制好第一个投影，如投影"角度"设置为 120 度，那么其他图标图层样式的投影"角度"也需设置为 120 度，因此勾选"使用全局光"选项，能保证同一个 PSD 文件中，所有图层的投影"角度"一致。当然，如果部分投影效果需要用到其他特殊角度，则不勾选"使用全局光"选项，这一点在图标设计时非常重要。

"距离"参数指的是投影偏离物体位置的远近程度，"大小"参数控制的是投影形状边缘的软硬程度，也就是投影轮廓的虚实程度，如图 1-128 所示。这两个参数的设置决定了投影的真实性与美观度。

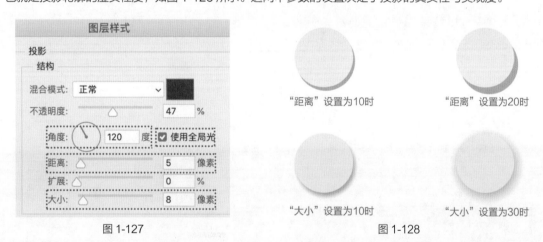

图 1-127

图 1-128

小贴士

"投影"样式基本的设置为"距离"和"大小"参数，如果想让投影有更多的细节，就需加入更多的设置，如图 1-129 所示。②对应的"等高线投影"比①对应的"正常投影"看起来更自然舒适，③对应的"双层投影"又比②对应的"等高线投影"细节更多，能产生反光的效果。

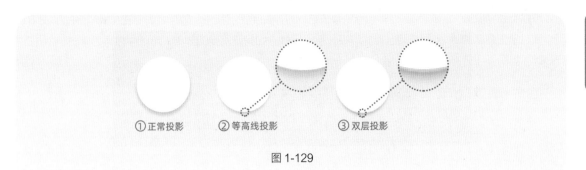

① 正常投影　　② 等高线投影　　③ 双层投影

图 1-129

在"等高线投影"设置中可对"品质"→"等高线"进行调整，其他设置保持"正常投影"的设置即可。在"等高线编辑器"面板中调整"映射"形状为向右下角凸出的弧线，如图 1-130 所示。投影与其图形对象相接部分的效果会更实，远离的部分会更虚，更符合客观现实规律。

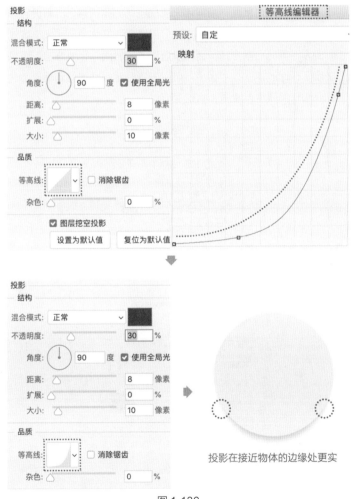

投影在接近物体的边缘处更实

图 1-130

"双层投影"营造了反光效果，可以制作有质感的对象，例如模拟玻璃材质的底色框。在软件 Photoshop CS6 以上的版本中，可以在同一图层上进行多次"投影"效果的添加。"双层投影"就是添加了两次"投影"效果得到的，其中浅色投影在深色投影上，且其范围小于深色投影。在"图层样式"对话框中，可以看到"投影"的右侧有个 ⊞ 图标，单击它即可添加更多"投影"效果，同时在样式较多的情况下，可以通过单击底部的 ↑ ↓ 图标调整样式层级关系。另外，如有不需要的效果，可选中效果后单击 🗑 图标进行删除，如图 1-131 所示。

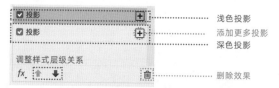

图 1-131

投影的制作方法很多，设计师们也有不同的制作经验和操作技巧。上面提到的方法是初学者对"投影"应该有的基本认知，在后面的实操案例中，还会讲到制作投影的其他方法。

（2）两侧效果。

两侧指的是对象的暗部和亮部两个侧面，通常用于表现物体的体积感，"斜面和浮雕"样式能实现这样的效果。制作两侧效果的关键点在于对"样式""方法""方向""大小""高光模式""阴影模式"等参数的设置。"样式"控制的是对象的凸起方式，通常设置为"内斜面"；"方法"可以让凸起的效果看起来清晰或柔和；"方向"决定了凸起的方向；"大小"可以设置凸起斜面的倾斜程度；"高光模式"和"阴影模式"分别设置对象的亮部和暗部颜色，如图 1-132 所示。

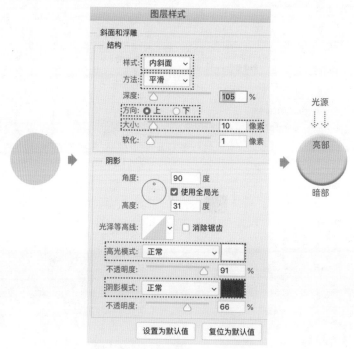

图 1-132

（3）四面效果。

四面效果主要指"内发光"和"外发光"样式的效果。制作四面效果要选用"光"的设置，如果以灯为光源，那么光从灯的周围散发出来，即可理解为四面效果。运用了发光效果的对象，光作用在图形的周围，如图 1-133 所示。

图 1-133

小贴士

以上 3 种效果的应用并非固定标准，只是为了让读者更好地理解图层样式的用法。需要注意的是，我们模拟的是某种效果，并不意味着设置"光"的效果就一定要用亮色，设置"影"的效果就一定要用暗色，可以根据实际情况灵活选择颜色。

1.7.3 拟物化图标案例

拟物化图标的种类比较多，这里选择具有代表性的图标进行操作展示，以便读者由浅入深地了解更多图层样式的制作方法。

时钟图标案例

扫码看视频

设计方式

设定光源在图标正上方，绘制的顺序为渐变的底色框—凹陷钟面—浅色表盘—刻度—指针，如图 1-134 所示。

图 1-134

新建画布

按快捷键 Ctrl+N 新建一个尺寸为 500 像素 ×500 像素的白色画布，注意单位要设置为"像素"，"分辨率"设置为屏幕所需的 72 像素 / 英寸，"颜色模式"设置为"RGB 颜色"，如图 1-135 所示。按快捷键 Ctrl+R 调出标尺，方便绘制图标时进行参照。

图 1-135

小贴士 🎈

如果发现标尺单位不是"像素"，可以在标尺上单击鼠标右键，再选择"像素"作为单位，如图 1-136 所示。

图 1-136

绘制渐变的底色框

把画布背景填充为色值为 #1e5b86 的蓝灰色，接着选择"圆角矩形工具" ⬜，单击画布后在"创建圆角矩形"对话框中设置"宽度""高度"均为 200 像素，"半径"为 50 像素，单击"确定"按钮，绘制出一个圆角较大的圆角矩形，如图 1-137 所示，颜色任选，不影响后续效果。另需注意在绘制图标时，形状的尺寸数据尽量统一采用偶数，更利于精准对称。

为了让该圆角矩形看起来更圆润可爱，按快捷键 Ctrl+T，并单击右键选择"变形"选项，在界面顶部对应的"变形"下拉菜单中选择"膨胀"选项，把"弯曲"设置为 24%，按 Enter 键执行变形命令，绘制出的圆角矩形的边就会略带凸出的弧度，如图 1-138 所示。"弯曲"参数设置得越大，"弧度"就越大。

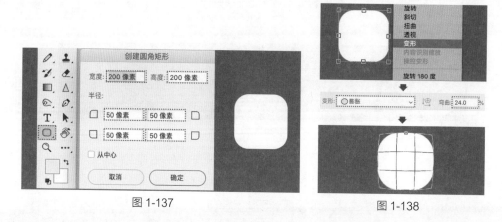

图 1-137

图 1-138

在实现"膨胀"效果后，原来的圆角矩形的尺寸会发生变化，故需选中形状图层，重新在工具栏中选择"圆角矩形工具" ⬜，并在对应的顶部属性栏中把变化后的"W"和"H"参数都重新调整为 200 像素，如图 1-139 所示。

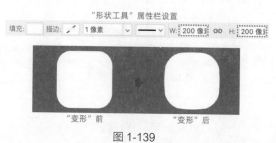

图 1-139

制作拟物化图标时，设计思路一定要清晰，哪一层需实现何种效果，要做到心中有数。

接下来为底色框添加图层样式，步骤如下：①上色；②加投影；③加厚度，如图 1-140 所示。

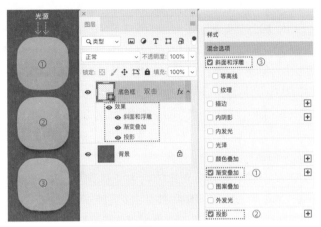

图 1-140

在"图层"面板中双击"底色框"图层，打开"图层样式"对话框，勾选"渐变叠加"选项，并在参数面板中设置"样式"为"线性"，因模拟光从正上方而来，故"角度"设置为 90 度。单击"渐变"颜色区域，打开"渐变编辑器"窗口，渐变色条上有色标，上面的两个黑色色标用于控制颜色的不透明度，此处不做任何修改；色条下方的两个色标用于控制颜色色值，需要设置颜色时，双击对应色标就会弹出"拾色器"对话框，也可单击"色标"选项组中的"颜色"色块打开"拾色器"对话框来进行颜色选择。色条下方左边的色标颜色代表底色框下方的颜色，色值为 #02bcc4；右边色标颜色代表底色框上方的颜色，色值为 #00d7df，虽然左右两边色彩明度差异不大，但也需要遵循光来自正上方的规律，所以明度呈现上亮下暗的效果，如图 1-141 所示。

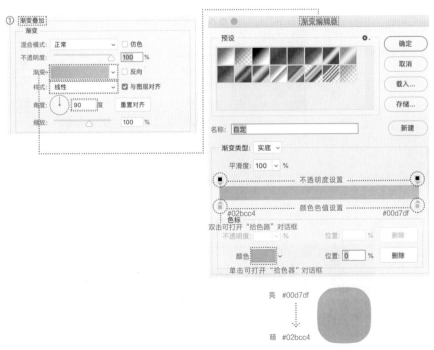

图 1-141

值得注意的是，设置渐变效果时色值不宜差异过大，否则渐变效果会因色相过渡不平缓而显得不自然。在本案例中我们营造的是一种平稳舒缓的渐变效果，颜色上亮下暗但对比不强烈，其技巧为在色相一致的基础上使图标上下两端色相发生明度上的微妙变化，初看近似纯色，仔细观察会发现色相有细腻的变化。另请注意，原本的圆角矩形为白色，加上"渐变叠加"效果后，白色消失，这充分说明"渐变叠加"效果可覆盖在形状原本的颜色上，也是我们在前文绘制形状时提到"颜色任选，不影响后续效果"的原因。

在"图层样式"对话框中，勾选"投影"选项，在"投影"面板中设置"距离"为 15 像素，"大小"为 18 像素。光源在图标的正上方，投影应出现在底色框正下方的位置，所以"角度"设置为 90 度，并勾选"使用全局光"选项，保证该画布中图标投影"角度"的一致性，均为 90 度。设置投影的颜色为黑色，色值为 #000000，"混合模式"选择"正片叠底"，"不透明度"根据所需投影的轻重程度来调整，在此设置为 46%。"品质"选项组中的"等高线"设置为"月牙"形，投影效果会更自然舒适，如图 1-142 所示。

接下来给底色框加一点厚度，使拟物化图标更加立体，也更有质感。在"图层样式"对话框中，勾选"斜面和浮雕"选项。底色框在光的作用下呈现出厚度，主要由受光部分和背光部分来体现，在此可以看作"两侧效果"，所以选择"斜面和浮雕"样式进行表现，参数设置如图 1-143 所示。特别注意"结构"选项组中的"大小"设置为 1 像素，让底色框看起来隐约有一点厚度即可，如果数值设置得过大，底色框的厚度就会增加，破坏精致感。为保持光源一致性，设置"阴影"选项组中的"角度"为 90 度，"阴影模式"的色值为 #095457，即深绿色，效果比选择黑色时看起来更融合通透。

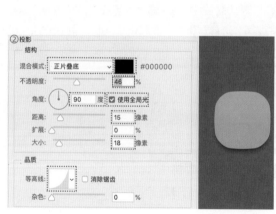

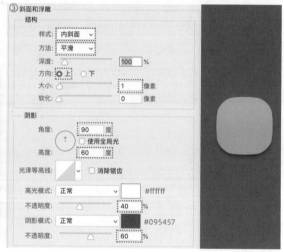

图 1-142   图 1-143

绘制凹陷钟面

绘制凹陷钟面的步骤如下：①设置渐变叠加；②添加内阴影；③添加投影。先使用"椭圆工具" ○.绘制一个直径为 136px 的圆形，同时选中底色框和圆形，单击工具栏中的"选择工具" ▶，在顶部属性栏中选择"水平居中对齐"和"垂直居中对齐"，让底色框和圆形中心对齐，如图 1-144 所示。

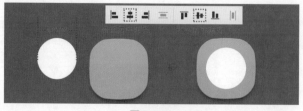

图 1-144

　　凹陷部分的渐变色应与底色框的渐变色色值完全一样，双击"凹陷"图层，在"图层样式"对话框中勾选"渐变叠加"选项，一般之前使用过的渐变色设置会应用于当前图层。由于受到正上方光线影响，凹陷部分应该呈现上暗下亮的效果，与底色框的渐变色方向正好相反，所以可以直接勾选"渐变叠加"参数面板中"渐变"后面的"反向"选项，渐变色就自然呈现出相反效果，凹陷效果就制作成功了，如图 1-145 所示。

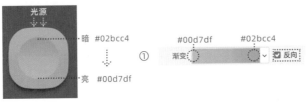

图 1-145

小贴士

　　打开"渐变叠加"面板设置好渐变色以后，如果渐变色在凹陷形状上显示的位置不够理想，在不关闭"渐变叠加"面板的情况下，按住鼠标左键拖动画布中凹陷形状上的渐变色，调节渐变色位置到满意为止，如图 1-146 所示。

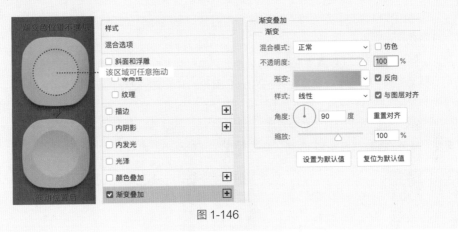

图 1-146

　　凹陷效果绘制好后，如果立体效果不明显，"凹陷"过浅，还可以在凹陷部分的上方加一点"内阴影"效果，让凹陷边缘变得立体，出现棱边效果。设置内阴影色值为 #169096，"混合模式"为"正常"，"不透明度"控制内阴影的深浅，可根据情况自行设置。勾选"使用全局光"选项，将"距离"和"大小"都设置为 1 像素，因为不需要特别突出的效果，故数值应较小，如图 1-147 所示。

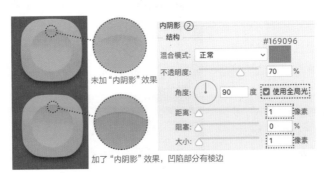

图 1-147

在正上方的光源和内阴影作用下，凹陷效果变得更立体。按照光影逻辑，凹陷部分的下方也该有对应的受光面，受光面只有一侧，按前面总结的"一侧效果"用"影"来表现，故在此选用"投影"样式。另外，"影"也可以用浅色表现，所以此处我们使用"一侧"的投影去表现凹陷部分棱的受光面。参数设置如图 1-148 所示，设置"投影"颜色为白色，色值为 #ffffff，此处结合"叠加"混合模式，可以让亮部投影的颜色更通透，比直接用"白色 + 正常模式 + 不透明度"的效果更好。"不透明度"参数控制亮部投影的深浅，可根据需要自行设定。勾选"使用全局光"选项，将"距离"和"大小"都设置为 2 像素，整个图标的凹陷效果即设置完成。

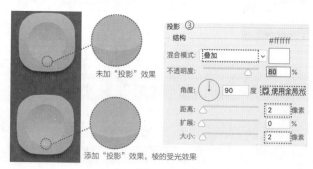

图 1-148

绘制浅色表盘、刻度

表盘的绘制步骤如下：①设置渐变叠加；②添加斜面和浮雕；③添加投影；④绘制刻度。

使用"椭圆工具" ○.绘制一个直径为 124px 的圆形，并使其与凹陷钟面的圆形中心对齐。表盘使用过渡不明显的渐变色，并仍旧保持上亮下暗的渐变关系，在"图层"面板中双击表盘图层，在"图层样式"对话框中勾选"渐变叠加"选项。在"渐变叠加"参数面板中，选择"样式"为"线性"，设置"角度"为 90 度。设置"渐变"颜色暗部色值为 #d6d8d8、亮部色值为 #e9e9e9，如图 1-149 所示。

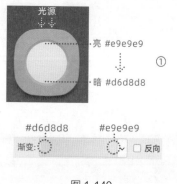

图 1-149

与底色框一样，表盘也有一定的厚度，用"两侧效果"来表现。勾选"斜面和浮雕"选项，参数设置如图 1-150 所示，"深度"设置为 1%，"大小"设置为 1 像素，"阴影"选项组里"高度"设置为 30 度，"高度"数值越大，"斜面和浮雕"效果就越明显。

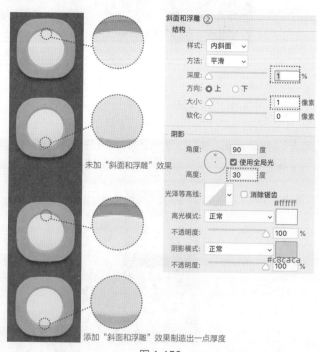

添加"斜面和浮雕"效果制造出一点厚度

图 1-150

为表盘添加"投影"效果，营造出表盘与凹陷形状间的距离。设置"投影"的色值为 #0e6b6f，"不透明度"为 40%，此处可根据实际需要而定，其他参数设置如图 1-151 所示。

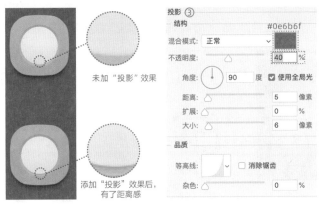

图 1-151

在绘制表盘中时间的刻度前，先通过"标尺"拉出水平方向和垂直方向的两条参考线，找到圆形表盘的中心点，以便后续"变形"操作参考。另外，需注意绘制的形状尺寸均使用偶数值，这样才能与表盘、凹陷部分、底色框进行精准对称。使用"圆角矩形工具"□，绘制一个高度为 6px、宽度为 4px、半径为 2px、色值为 #a0a0a0 的圆角矩形，同时选中表盘和刚绘制的圆角矩形，在顶部属性栏中选择"水平居中对齐"，并把圆角矩形在垂直方向上摆放到合适的位置，如图 1-152 所示。

选中圆角矩形，可将画布尺寸放大后再操作，对圆角矩形进行以表盘圆心为中心的旋转。按快捷键 Ctrl+T，圆角矩形边缘出现变形框。①选中变形框的中心点，并按住 Alt 键往下拖曳，使其与绘制好的参考线交叉点重合（该交叉点即表盘的圆心）；②在顶部属性栏设置"旋转"角度为 30 度，再按 Enter 键结束旋转操作；③按快捷键 Ctrl+Alt+Shift+T 重复执行上一步操作，总共重复执行操作 11 次，最终就会得到以表盘的圆心为中心的 12 个等分刻度的形状，如图 1-153 所示。

图 1-152

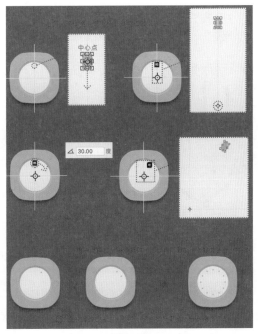

图 1-153

刻度形状绘制完成后，为了更准确、更快速地识别时间，我们让 "3点" "6点" "9点" "12点" 4个刻度形状的颜色比其他的更深一些。在"图层"面板中选中刚才绘制的除"3点" "6点" "9点" "12点" 4个刻度以外的其他刻度所在的图层，按快捷键 Ctrl+E 合并这些图层，然后双击合并后的图层左端视图，打开"拾色器"对话框，将色值设置为 #c7c7c7，单击"确定"按钮即可，如图 1-154 所示。

图 1-154

绘制指针

指针的制作比较简单，用工具栏中的"圆角矩形工具" ▢ 绘制一个宽度为 4px、高度为 42px、半径为 2px 的圆角矩形作为时针，再绘制一个宽度为 4px、高度为 50px、半径为 2px 的圆角矩形作为分针，色值均设置为 #6e6e6e。因时针与分针颜色相同，为方便后续操作，选中"分针"和"时针"图层，按快捷键 Ctrl+E 将其合并为一个图层，并把图层命名为"指针"。绘制一个宽度为 2px、高度为 52px、半径为 2px 的圆角矩形作为秒针，色值设置为 #ff0000。把绘制好的指针放到合适的位置即可，最后绘制一个直径为 2px 的圆形，并使其与表盘中心对齐，且此图层处于最上层，如图 1-155 所示。

图 1-156 所示为指针投影的绘制步骤，可以用"图层样式"选项栏中的"投影"选项来实现，也可使用另一种方法——"羽化"来实现。①选中"指针"图层，按快捷键 Ctrl+J 复制，并命名为"指针投影"。②选中"指针投影"图层，在顶部菜单栏选择"窗口"菜单，打开"属性"面板，设置"羽化"参数为 1.5 像素，此参数值越大，羽化效果越明显，指针形状变得越模糊。最后在"图层"面板中把"不透明度"设置为 75%。③由于光线从顶端而来，所以把羽化后的"指针投影"图层移到"指针"图层下，并通过上、下箭头键调节位置，在"指针"图层正下方进行偏移操作。再用绘制"指针"投影的方法绘制出秒针的投影。

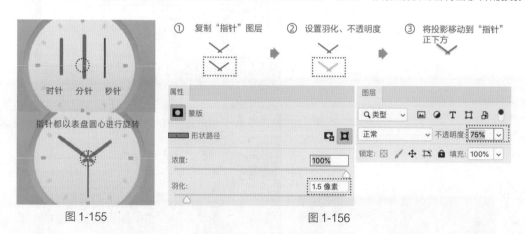

图 1-155   图 1-156

时钟图标绘制完成，如图 1-157 所示。整个案例并不复杂，但是要求设计师在动手前有对整体制作步骤的规划，制作思路要清晰，并且需要留心观察周边的事物，注意细节表现，这样拟物化图标制作出来才会更加精致动人。

图 1-157

小贴士

　　"属性"面板中的"羽化"选项只对形状图层有效，对普通图层无效。羽化的主要作用是实现形状的模糊效果，除制作投影外，在拟物化图标的制作中还可以实现更多的效果，在后续的案例中我们还会讲到它的使用技巧，也希望能抛砖引玉，引发读者的思考与尝试，发掘它的更多应用之处。

雷达图标案例 ▶

扫码看视频

设计方式

　　始终设定光来自正上方，绘制渐变的底色框—凹陷—地图—扫描光感—坐标系、开关，如图 1-158 所示。

图 1-158

绘制渐变的底色框

　　设定光依旧来自正上方，本案例可以直接借用之前绘制好的时钟图标案例中的某些部件，例如时钟图标的底色框。选中底色框图层，按快捷键 Ctrl+J 复制一份并移到合适的位置，在"图层"面板中双击底色框图层，打开"图层样式"对话框，勾选"渐变叠加"选项，其他参数设置不变，只调整"渐变编辑器"窗口中渐变色色值即可，亮部色值设为 #e2e2e2，暗部色值设为 #b8b9b8。因底色框颜色发生变化，所以通过"斜面和浮雕"表现底色框厚度的暗部颜色也需做相应的修改，设置色值为 #a6a7a7。为保持图标的统一性，"斜面和浮雕"选项的其他设置保持不变。"投影"样式的参数在此也不做调整，如图 1-159 所示。

图 1-159

绘制凹陷

　　用"椭圆工具" ○.绘制一个直径为 154px 的圆形，并使其与底色框中心对齐。设置凹陷形状的渐变色

63

暗部色值为 #707070、亮部为 #c2c2c2。为表现出凹陷形状的棱，暗部依旧采用"内阴影"效果实现，设置内阴影色值为 #000000，"混合模式"为"正常"，"距离"和"大小"都设置为 1 像素。此案例中棱边的亮部采用"描边"效果来实现。在"图层样式"对话框中勾选"描边"选项，将"结构"选项组中"大小"参数值设置为 1 像素，也就是描边的粗细为 1 像素。"填充类型"选择"渐变"，"样式"选择"线性"，打开"渐变编辑器"窗口，亮部色值设为 #ffffff，右侧不透明度色标设置为 50%，暗部色值任选，并将左侧不透明度色标设置为 0%，即可看到凹陷受光棱边有亮色部分出现，如图 1-160 所示。拟物化图标效果的实现没有既定标准，而是基于对光影效果的理解和观察，灵活地选择图层样式。

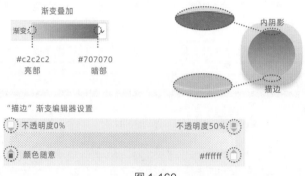

图 1-160

绘制地图

绘制一个直径为 140px、色值为 #145e33 的圆形，在"图层"面板中双击该图层名称，修改图层名称为"剪切蒙版 - 母版"，并让该图层中的圆形与绘制好的凹陷层圆形中心对齐。置入一张合适的地图素材，并调整到合适大小，把"地图素材"图层放到"剪切蒙版 - 母版"图层之上，将鼠标指针移到两个图层之间，按住 Alt 键，图层上会出现 符号，同时单击图层，实现将"地图素材"图层剪贴到"剪切蒙版 - 母版"图层圆形中的效果，"地图素材"图层前出现下箭头表示剪贴蒙版操作成功，如图 1-161 所示。

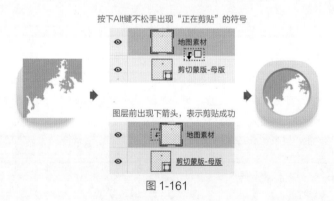

图 1-161

选中"地图素材"图层，在"图层"面板中设置"混合模式"为"正片叠底"，并设置地图透出"剪切蒙版 - 母版"圆形的部分为深绿色。为了让地图效果看起来有立体感，可使其四周颜色加深以体现凹陷效果，且由于应用的是"四面效果"，选择"光"的相关设置来表现光的发散效果，因此双击"剪切蒙版 - 母版"图层打开"图层样式"对话框，勾选"内发光"选项，设置颜色色值为 #13532d，注意，此处虽然选择的是"内发光"，颜色是深绿色，但其实我们制作的是物体周边的实际光效，而非"光"的颜色。"结构"选项组中的"混合模式"选择"正片叠底"选项，"不透明度"设置为 60%。"图素"选项组中的"大小"设置为 32 像素，如图 1-162 所示。

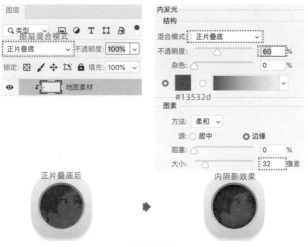

图 1-162

绘制扫描光感

选中"剪切蒙版 - 母版"图层,按快捷键 Ctrl+J 复制一层,将图层名称修改为"扫描",在"图层"面板中设置"填充"为 0%,然后删除或关闭该图层的"内发光"样式,并勾选"渐变叠加"选项。

小贴士

很多初学者不太清楚"图层"面板中"不透明度"和"填充"的区别。由图 1-163 中①对应的图可以看出,蓝色块在正常情况下,当"填充"或"不透明度"设置为 50% 时,蓝色块的不透明度变为了 50%,说明这二者都是控制不透明度效果的。当给蓝色块加了"投影"效果后,"填充"设置为 50% 时,会发现蓝色块只是不透明度发生了变化,而"投影"效果没变;而当"不透明度"设置为 50% 时,蓝色块除了不透明度发生了变化,其"投影"效果的不透明度也变为了 50%,如图 1-163 中②对应的图所示。所以,通过对比①和②我们不难发现,"填充"设置只影响形状颜色本身的不透明效果,而"不透明度"设置影响的则是整个图层的不透明效果。当蓝色块加上了"投影"效果,并把"填充"设置为 0% 时,蓝色消失,只留下了"投影"效果,如图 1-163 中③对应的图所示。

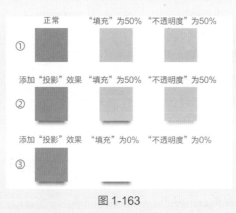

图 1-163

图标中扫描的光感通常以扇形的样式呈现,并且光效随角度渐变,所以关键步骤即设置"渐变叠加"的"样式"参数为"角度",以营造扇形的光感渐变。"角度"参数的设置可控制渐变的方向,这里"角度"

的参数值设置为 145 度。"渐变编辑器"窗口中色条为黄色到黄色透明，即一端黄色色值为 #ffff00，不透明度为 50%，另一端色值不变，但不透明度设置为 0%，"混合模式"选择"叠加"选项，可使颜色更加通透。为了让扫描的光感效果更强，选中"扫描"图层，按快捷键 Ctrl+J 复制一层，如图 1-164 所示。

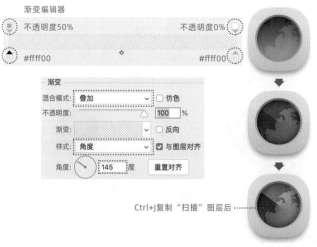

图 1-164

绘制坐标系、开关

①选择"椭圆工具" ○，绘制 3 个大小不同的同心圆，在顶部属性栏里关闭"填充"效果，设置"描边"颜色色值为 #ffff00、粗细为 1 像素，3 个同心圆与"剪切蒙版 - 母版"图层中心对齐。选择"矩形工具" □，绘制两个宽度为 1px、高度为 140px、色值为 #ffff00 的矩形，把两个矩形通过"旋转"命令摆放为相互垂直的关系后使其中心对齐。选中刚才绘制的 3 个同心圆和两个矩形，按快捷键 Ctrl+G 编组，并命名为"坐标线"，与"剪切蒙版 - 母版"图层中心对齐。②在"图层"面板里选中"坐标线"组，把"混合模式"修改为"叠加"。③双击"图层"面板中的"坐标线"组，打开"图层样式"对话框，勾选"外发光"选项，设置内发光颜色色值为 #ffff00，其他参数如图 1-165 所示，让"坐标线"光感更真实。我们常见的霓虹灯效果，就可以使用"外发光"效果来实现。④用"椭圆工具" ○.绘制大小合适的两个坐标圆点，可自行摆放位置。执行"窗口"→"属性"命令，设置"羽化"参数值为 0.8 像素，把两个坐标圆点的形状变得柔和一点。⑤开关的凹陷

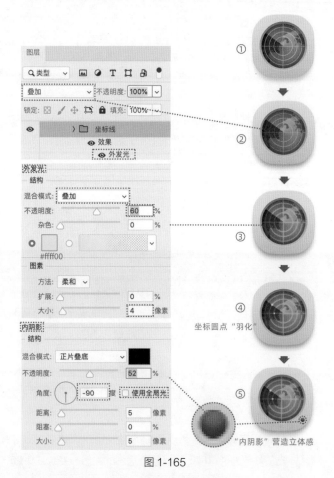

图 1-165

效果与之前绘制的凹陷效果一样，因此可以复制图层样式直接使用，在"图层"面板中选中之前绘制的凹陷图层，单击鼠标右键，选择"拷贝图层样式"选项，再选择"开关凹陷"图层，单击鼠标右键，选择"粘贴图层样式"选项即可。凸起的红色开关的色值为 #f14555，光从正上方而来，为表现开关的立体感需加上暗部效果，暗部效果设计在开关轮廓内，所以选择用"内阴影"来实现。开关暗部在正下方，先取消勾选"使用全局光"选项，再把"角度"设置为 –90 度，"角度"参数值的改动会让整个文件中涉及的"角度"参数统一发生变化。

　　雷达拟物化图标案例绘制完成，如图 1-166 所示。这个案例涉及的重点有 5 个：一是"渐变叠加"效果的使用，当"样式"选择不同的选项时，可以营造不同的渐变效果；二是"内发光"效果的使用；三是图层"叠加"混合模式的使用，可以让浅色在深色底上产生光的效果；四是"羽化"的使用，可以柔化形状的边缘轮廓；五是"使用全局光"设置针对的是所有图层，当某一个图层的光线需要特殊化时，则不能勾选"使用全局光"选项。

图 1-166

　　以上两个拟物化图标案例的操作讲解，可以帮助读者熟悉拟物化图标的设计方法和图层样式的基本使用规则，故后面的案例将会简要描述绘制图标的常规操作，在"图层样式"对话框中将用红色虚线框标出需要设置的参数，而未提及的参数表示无须修改，案例将把重点放到拟物化图标的设计关键点和制作技巧的讲解上。

黑胶唱片图标案例

扫码看视频

设计方式

始终保持光来自正上方，绘制渐变的底色框—凹陷—黑胶唱盘—唱针，如图 1-167 所示。

图 1-167

绘制渐变的底色框、凹陷

　　复制雷达图标的底色框图层，保持"投影"效果的设置不变。修改"渐变叠加"效果的渐变色，设置暗部色值为 #ebf5f6、亮部色值为 #edf5f7。底色框的厚度需表现得明显一些，所以将"斜面和浮雕"效果"结构"选项组中的"大小"修改为 9 像素，"阴影模式"的颜色色值修改为 #c8d7d8，"不透明度"设置为 100%，如图 1-168 所示。

绘制一个直径为 154px 的圆形，将其与底色框中心对齐。为圆形添加"渐变叠加"效果，设置渐变颜色暗部色值为 #d0e0db，亮部色值为 #e5eeeb。在"图层样式"对话框中勾选"描边"选项，将"结构"选项组中"大小"参数的值设置为 1 像素，"填充类型"选择"渐变"，"样式"选择"线性"，设置渐变颜色的亮部色值为 #ffffff、不透明度设置为 50%，暗部色值任选、不透明度设置为 0%。使用"内阴影"效果表现暗部的棱边，设置颜色色值为 #2d4d43，"混合模式"设置为"正常"，"距离"和"大小"都设置为 2 像素，"不透明度"设置为 70%。凹陷效果绘制完成，如图 1-169 所示。

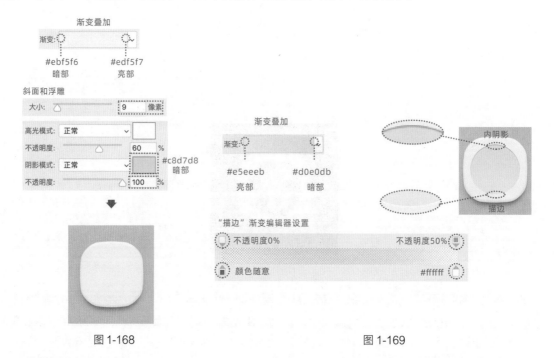

图 1-168   图 1-169

绘制黑胶唱盘

黑胶唱片图标案例的制作难点在于黑胶唱片材质的表现，设计思路是使用"渐变叠加"效果制作出唱片的光泽感，再使用"径向模糊"效果制作出黑胶的纹路。①先绘制一个直径为 140px 的圆形，图层命名为"唱盘 - 母版"，对其添加"投影"效果。②利用"渐变叠加"效果制作光泽感的关键在于需设置"样式"参数为"角度"，并设置好"渐变编辑器"窗口中渐变颜色的色值和色标位置，4 个深色色标色值为 #262727，3 个浅灰色色标色值为 #bcbcbc，如图 1-170 所示。

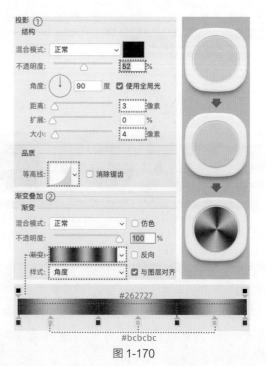

图 1-170

设置"渐变叠加"的"样式"为"角度",除了可以做出雷达图标的扫描光感,本案例中它还实现了黑胶唱片的光泽感。图 1-171 中第一个"渐变编辑器"色条一头一尾的色标颜色不同,故右侧图标中的效果就会出现一条明显的棱边,正好可以用来模拟雷达扫描范围的光效;而唱片案例中"渐变编辑器"色条首尾色标颜色相同,故右侧图标颜色相接的部分过渡平缓自然。图 1-172 所示图标的多彩底色就是添加"渐变叠加"效果完成的。保证色条首尾颜色设置相同,颜色就可自然过渡。

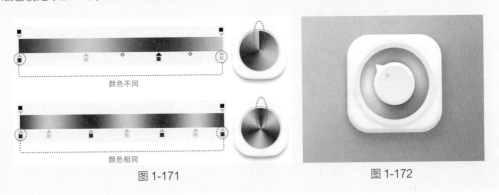

颜色不同

颜色相同

图 1-171　　　　　　　　　　　　　　图 1-172

绘制一个大矩形,将图层命名为"黑胶质感",选中该图层并单击鼠标右键,执行"栅格化图层"命令把形状图层转变为普通图层,以便执行添加"滤镜"操作。③在顶部菜单栏中单击"滤镜"菜单,选择"杂色"子菜单中的"添加杂色"选项,打开"添加杂色"对话框,勾选"预览"选项以便观察调整,"数量"参数值设置为 200%,数值越大杂色颗粒越多,可根据需要自行设置。在"分布"选项组中选择"平均分布"单选项,勾选最下方的"单色"选项,单击"确定"按钮完成设定。在顶部菜单栏中单击"滤镜"菜单,选择"模糊"子菜单中的"径向模糊"选项,打开"径向模糊"对话框,"数量"参数值设置为 100,"模糊方法"选择"旋转",单击"确定"按钮,完成径向模糊杂色的效果,如图 1-173 所示。

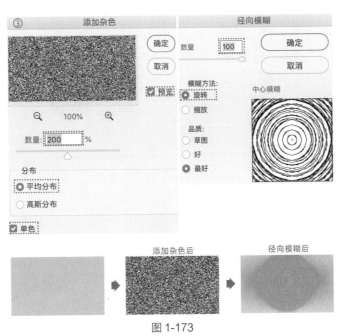

添加杂色后　　　　　　径向模糊后

图 1-173

把"图层"面板中的"黑胶质感"图层放在"唱盘 - 母版"图层之上,将鼠标指针置于两个图层中间,在按住 Alt 键的同时单击,把绘制好的"黑胶质感"图层剪贴到"唱盘 - 母版"图层中。此处注意在使用"剪贴蒙版"命令时,可能会出现执行后看不到剪贴效果的情况,这通常是用作剪贴形状的图层使用了图层样式导致的,此时需要打开"唱盘 - 母版"图层(作为剪贴形状的图层)的"图层样式"对话框,在"混合选项"设置中,取消勾选"将剪贴图层混合成组"选项,并勾选"将内部效果混合成组"选项,如图 1-174 所示。

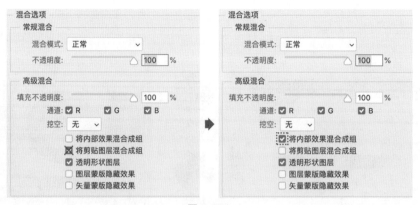

图 1-174

把"黑胶质感"图层的旋转中心对齐到"唱盘 - 母版"图层形状的中心。④选中"黑胶质感"图层,在"图层"面板中把"混合模式"设置为"正片叠底",黑胶唱片的质感就模拟完成了。"正片叠底"后唱片既有黑胶的拉丝效果,又有能透出下层黑胶光泽感的效果,如图 1-175 所示。

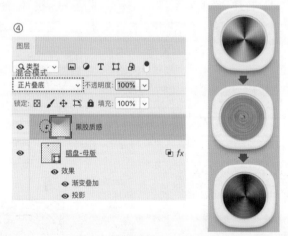

图 1-175

绘制一个直径为 54px、色值为 #d14746 的圆形,将图层命名为"盘心",并与"唱盘 - 母版"图层的圆形中心对齐。⑤在"图层样式"对话框中勾选"描边"选项,设置"大小"为 4 像素,颜色色值为 #000000,"不透明度"为 40%;添加"内发光"效果,设置颜色色值为 #fcd4d4,"大小"为 2 像素,"不透明度"为 60%。

盘心上的文字使用路径环绕的方法制作,先使用"椭圆工具" ○. 绘制一个圆形,在工具栏里选择"文字工具" T., 把鼠标指针置于绘制好的圆形上,在出现输入符号后单击圆形便可输入文字。文字颜色设为 #a7201f,再复制一份文字并修改颜色为 #f5a8a8,把深红色文字层放到浅红色文字层下层,让深红色文字层往右、下各偏移 1px,制作文字的立体效果,如图 1-176 所示。

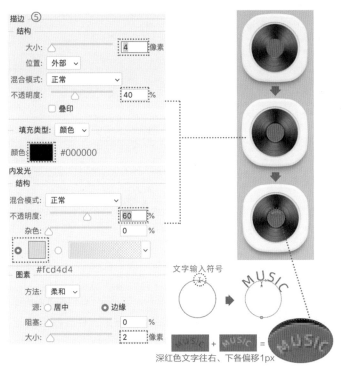

图 1-176

绘制唱针

　　此案例中的唱针是一个精致的不锈钢小球，由球体本身、高光和反光点 3 个部分构成。先绘制一个直径为 10px、色值为 #3a3b3d 的深灰色圆形，使用"内阴影"效果绘制出球体的反光效果，因为不锈钢材质的反光受到环境色影响，所以颜色需比背景稍微浅一些，具体色值为 #fa6f70，设置"不透明度"为 90%，"角度"为 -90 度，取消勾选"使用全局光"选项，"距离"和"大小"均设置为 3 像素。使用"投影"效果绘制出小球的阴影，设置投影色值为 #1c1802，"不透明度"为 55%，"距离"为 4 像素，"大小"为 5 像素。绘制一个宽度为 6px、高度为 4px 的白色椭圆作为高光，放在球体上合适的位置。再绘制一个直径为 2px 的白色圆形，使用"羽化"效果让圆形稍微模糊一点，放在不锈钢小球的反光处，一个有质感的不锈钢唱针就绘制好了，整个黑胶唱片图标也绘制完成了，如图 1-177 所示（图中的像素效果是为做案例展示而将小尺寸图标放大数倍后形成的，将图标缩小至原始比例则能正常显示）。

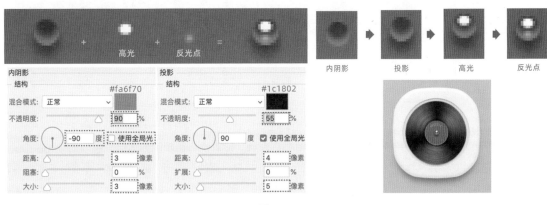

图 1-177

玻璃质感桃心图标案例 ▶

扫码看视频

设计方式

材质的表现是拟物化图标设计的难点，本案例的重点是表现光感并运用"图层"面板中的"叠加"混合模式实现不同颜色背景下的玻璃质感。绘制桃心形状—高光—反光—桃心雕刻，如图 1-178 所示。

图 1-178

绘制桃心形状

因用 Photoshop 绘制带圆角的桃心时步骤相对较多，故此案例选择使用更便捷的 Illustrator 来绘制桃心形状的部分。Illustrator 与 Photoshop 同属一家公司，图层文件能够相互兼容，可以配合使用。在 Illustrator 里用布尔运算绘制好带圆角的桃心形状，选中绘制好的桃心形状，按快捷键 Ctrl+C 复制，切换至 Photoshop 新建的画布中，按快捷键 Ctrl+V 进行粘贴，并在弹出的"粘贴"对话框中选择"形状图层"单选项如图 1-179 所示，单击"确定"按钮。复制过来的图形是形状图层，能通过形状工具任意改变它的颜色。

把 Photoshop 中的画布背景填充为粉色，色值为 #f29bb7。双击从 Illustrator 中复制过来的桃心形状图层，在"图层样式"对话框中勾选"内发光"选项，设置色值为 #000000，"不透明度"为 45%，"混合模式"为"叠加"、"阻塞"为 10%，"大小"为 40 像素，并在"图层"面板中把"填充"设置为 0%，背景颜色即可显现出来，如图 1-180 所示。

图 1-179

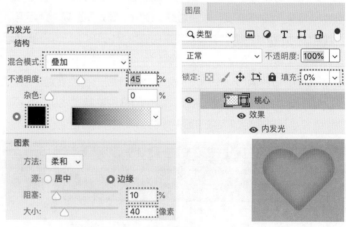

图 1-180

使用布尔运算绘制一个桃心环作为图标的投影，注意形状和投影要在同一图层上，且形状需在投影上层，这样执行"减去顶层"命令时才能正确得到桃心环形状。设置桃心环颜色为黑色，色值为 #000000，设置图层"混合模式"为"叠加"。在顶部"窗口"菜单中打开"属性"面板，把"羽化"参数值设置为 5.0 像素，对投影进行模糊处理。为了让投影更真实，在"图层"面板中选中"投影"图层，在面板的底部单击"添加图层蒙版"按钮 ■，为其添加蒙版。选择工具栏中的"渐变工具" ■，在对应的顶部属性栏中选择

"线性渐变"，渐变颜色选择"黑到白"或者"白到黑"，在蒙版上填充渐变色，使桃心环的上部渐渐隐藏，避免在将投影放到添加了"内发光"效果的爱心形状下方后投影显色导致桃心失真，如图 1-181 所示。

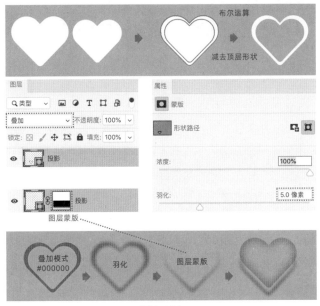

图 1-181

绘制高光

复制绘制好的"桃心"图层，并将图层命名为"高光"，按住快捷键 Ctrl+T 并拖曳鼠标将桃心等比例缩小一圈。接着绘制一个椭圆形，选中"高光"和椭圆形图层进行水平居中对齐，按快捷键 Ctrl+E 合并这两个图层。用"路径选择工具" ▶.选中两个图形，在顶部属性栏中选择"与形状区域相交"选项，通过布尔运算得到所需的高光形状，并填充为浅黄色（#fefee9），图层名依旧使用"高光"。复制一份"高光"图层，重新命名图层为"高光线"，在顶部属性栏里取消填充，设置描边粗细为 1 像素，颜色为浅黄色（#fefee9）。"高光"图层和"高光线"图层的"混合模式"都设置为"叠加"，并为它们添加图层蒙版隐藏掉多余的部分，让高光看起来过渡自然、效果真实，如图 1-182 所示。

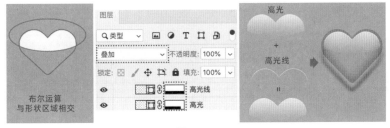

图 1-182

绘制反光

选择绘制好的"桃心"图层复制两份，都命名为"反光"，并同时选中，按快捷键 Ctrl+E 合并这两个图层。用"路径选择工具" ▶.选中同一图层上方的"桃心"图层并垂直往上移动到合适位置，在顶部属性栏中选择"减去形状底层"选项，通过布尔运算得到所需的反光形状，并填充为浅黄色（#fefee9），设置"不透明度"为 50%，图层的"混合模式"设置为"叠加"。按快捷键 Ctrl+T 等比例缩小反光形状，将其放置到桃心形状下部合适的位置，使用图层蒙版隐藏多余的反光部分，最后在"属性"面板里把"羽化"参数值设置为 4.0 像素，对反光形状进行模糊处理，如图 1-183 所示。

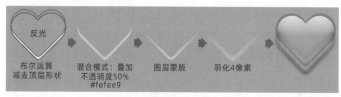

图 1-183

选择绘制好的"桃心"图层复制一份，将图层命名为"光晕"，再绘制一个椭圆形，选中"光晕"图层和椭圆形图层进行水平居中对齐，按快捷键 Ctrl+E 合并图层。用"路径选择工具" 选中两个图形，在顶部属性栏中选择"与形状区域相交"选项，通过布尔运算得到所需的光晕形状，并填充为浅黄色（#fefee9），"不透明度"设置为 50%，图层的"混合模式"设置为"叠加"。在"属性"面板里把"羽化"参数值设置为 13.0 像素，对光晕进行模糊处理，并放到桃心形状下部合适的位置，使整个玻璃桃心的通透质感更明显。最后绘制一个较小的椭圆形，设置颜色为白色（#ffffff）、"羽化"参数值为 0.5 像素，将其作为玻璃桃心的高光点，放在右上角高光的边缘线上，如图 1-184 所示。

图 1-184

绘制桃心雕刻

选择绘制好的"桃心"图层复制一份，在顶部属性栏里取消桃心形状的填充，描边粗细设置为 8 像素，颜色设为黑色（#000000），"图层"面板中的"混合模式"设置为"叠加"，让黑色的描边变得通透，"不透明度"设为 100%，"填充"设置为 45%。打开"图层样式"对话框，勾选"投影"选项，颜色设置为白色（#ffffff），"混合模式"设为"叠加"，"不透明度"设置为 64%，"距离"和"大小"均设置为 1 像素，小桃心的精细凹印雕刻感因浅色的投影而产生。最后绘制出小桃心的高光点，如图 1-185 所示。

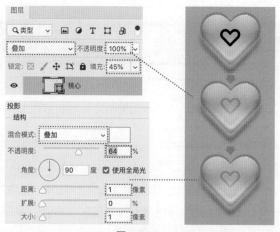

图 1-185

整个案例中，涉及"混合模式"的地方都选用的"叠加"模式，深色色值都是黑色（#00000），浅色虽没有使用白色（#ffffff），但也与白色相近。"叠加"模式搭配很深的颜色和很浅的颜色使用，都能让效果更通透，特别适合制作透明的玻璃质感。更为重要的是，用该方法制作的图标在更换背景颜色时，玻璃效果不会受影响，大大提高了设计效率。图1-186所示为更换不同背景色时的图标效果。

图 1-186

西瓜图标案例 ▶

扫码看视频

▫ 设计方式

此案例主要运用图层样式和素材贴图完成。设定光从正上方来，绘制色块—瓜皮花纹—瓜皮厚度—瓜瓤，如图1-187所示。

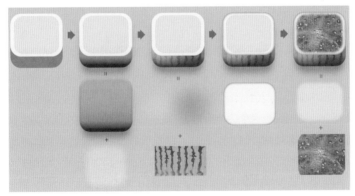

图 1-187

绘制色块

绘制一个大小为200px×200px的圆角矩形，将图层命名为"西瓜皮"，再绘制一个大小为160px×200px的圆角矩形，将图层命名为"瓜皮厚度"，最后绘制一个大小为140px×174px的圆角矩形，将图层命名为"瓜瓤"，3个圆角矩形的圆角半径都为40像素。因后期制作"渐变叠加"效果会覆盖掉色块本身的填充色，故填充色的色值可任选，不受影响。选中"西瓜皮"图层，添加"渐变叠加"效果制作西瓜的立体感，设置左边色标色值为#000000，中间色标色值为#618f07，位置为20%，右边色标色值为#7ab507。为了让立体感更强烈，添加"斜面和浮雕"效果，将"大小"设置为10像素，"高度"设置为30度，"高光模式"对应的颜色为白色、"不透明度"为31%，"阴影模式"对应的颜色色值为#123d01，"不透明度"为59%。添加"投影"效果，"混合模式"选择"正片叠底"，设置"不透明度"为50%，"距离"为30像素，"大小"为32像素，将"等高线"调整为"月牙"形。为了让投影更通透，绘制一个比"西瓜皮"图层中的圆角矩形小一些的圆角矩形作为投影反光，设置色值为#d9b841，"羽化"参数值为7像素，"图层"面板中的"混合模式"选择"叠加"，并把该图层移到"西瓜皮"图层下方合适的位置，如图1-188所示。

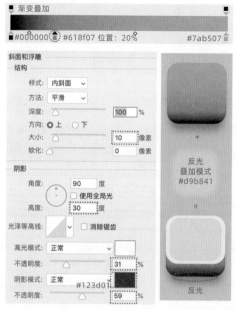

图 1-188

绘制瓜皮花纹

将西瓜条纹素材置入画布，将图层命名为"瓜皮花纹"，调整素材到合适的大小，并对其执行"剪贴蒙版"命令剪贴到"西瓜皮"图层里。在"图层样式"对话框的"混合选项"设置里，取消勾选"将剪贴图层混合成组"选项，并勾选"将内部效果混合成组"选项。绘制两个圆形，一个放在西瓜皮花纹左边亮部，另一个放在西瓜皮花纹右边暗部。亮部圆形色值为 #ffff00，图层"填充"参数的值设置为 65%，"羽化"参数值设置为 28 像素。暗部圆形色值为 #010100，图层"填充"参数的值设置为 92%，"羽化"参数值设置为 28 像素。两个图层的"混合模式"均设置为"叠加"。最后把暗部和亮部两个图层一起使用"剪贴蒙版"命令剪贴到"西瓜皮"图层里，瓜皮花纹就绘制完成了，如图 1-189 所示。

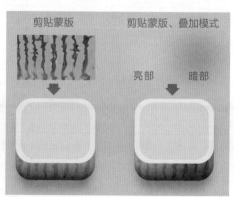

图 1-189

绘制瓜皮厚度

选中"瓜皮厚度"图层，设置圆角矩形颜色色值为 #f7faab，但底色仍显得单薄，因此需给它添加"内发光"效果使西瓜皮产生厚度，显得更真实。"内发光"颜色色值设置为 #597b1e，"不透明度"设置为 73%，设置"源"时选择"边缘"单选项，"大小"设置为 10 像素，如图 1-190 所示。

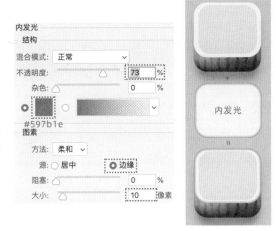

图 1-190

绘制西瓜瓤

将合适的西瓜瓤素材置入画布，并执行"剪贴蒙版"命令把它剪贴到"瓜瓤"图层里。由于"瓜瓤"图层中的圆角矩形边缘过于平整生硬，效果失真，因此对该圆角矩形使用"羽化"效果，"羽化"参数值设为4 像素，形成西瓜瓤逐步过渡到西瓜皮的效果，整个西瓜剖面便显得真实自然起来，如图 1-191 所示。

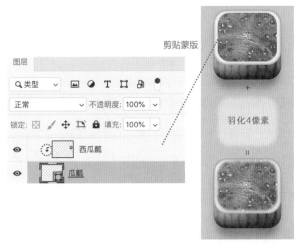

图 1-191

西瓜图标绘制完成，如图 1-192 所示。另外，虽然每个人收集的素材效果有差异，但西瓜皮花纹素材和瓜瓤素材都可以通过调节图层不透明度、色阶、饱和度、锐化等方法让其呈现令人满意的效果，在此不再赘述。

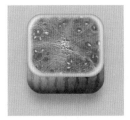

图 1-192

计算器图标案例

扫码看视频

"新拟态"风格在 2019 年 11 月因乌克兰设计师 Alexander Plyuto 在追波上发布的一张作品而受到众多设计师的青睐，并被追波收录到 2020 设计趋势预测里。其特点有立体、画面干净、强调高光和投影等，界面设计适合卡片式风格。

在此我们设计制作一款简单的"新拟态"风格的计算器图标。

设计方式

设定光来自左上方，绘制色块—底色框—液晶屏—按键，如图 1-193 所示。

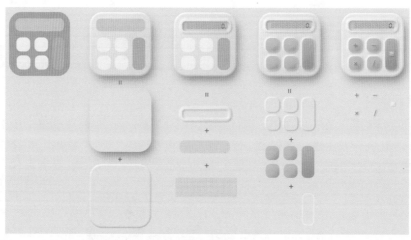

图 1-193

绘制色块和底色框

用"圆角矩形工具" 绘制出所需的所有圆角矩形色块，色值任选，并为各个图层命名，方便后续操作。底色框依旧是大小为 200px×200px 的圆角矩形，圆角半径为 40 像素。液晶屏和按键色块的大小不限，但要保持圆角的半径一致，并注意按键图形彼此的间距相等且不能过小，方便后续"斜面和浮雕"效果的添加。

①为底色框添加"渐变叠加"效果，设置亮部色值为 #d7ebf5，暗部色值为 #cae3ef，因光来自左上方，故"角度"设置为 120 度。②添加"斜面和浮雕"效果，"大小"设置为 6 像素。"阴影"选项组里的"角度"设置为 120 度，"高度"设置为 30 度，设置"阴影模式"对应的颜色为蓝黑色、色值为 #217199，"不透明度"为 25%。③添加"投影"效果，设置投影颜色色值为 #0c425d，"不透明度"为 50%，"角度"设置为 120 度，"距离"设置为 20 像素，"大小"设置为 32 像素，"品质"选项组中的"等高线"调整为"月牙"形，如图 1-194 所示。

图 1-194

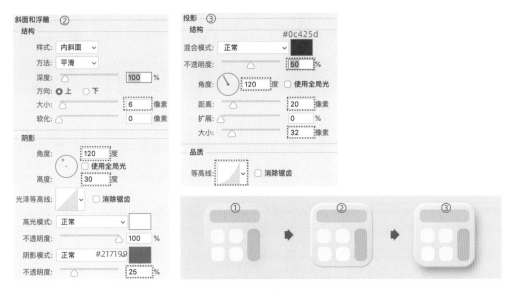

图 1-194（续）

绘制液晶屏

选中"液晶显示屏边框"图层，复制一份并重命名为"液晶显示屏底色"，放置于"图层"面板中"液晶显示屏边框"图层下方备用。①选择"圆角矩形工具" □，并在顶部属性栏中关闭"液晶显示屏边框"圆角矩形的"填充"；"描边"粗细设为"4 点"，颜色选择"渐变"，设置亮部色值为 #d2e7f2、暗部色值为 #e3f1f8，线性渐变"角度"设置为 120 度。接着设置"斜面和浮雕"效果，"样式"选择"外斜面"，"大小"设置为 8 像素；"阴影"选项组中的"角度"设置为 120 度，"高度"设置为 30 度，设置"阴影模式"对应颜色的色值为 #207198，"不透明度"为 25%。如此一来，液晶显示屏边框的厚度即可凸显出来，如图 1-195所示。

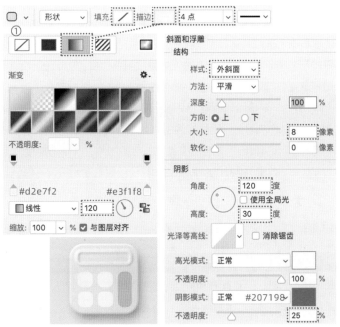

图 1-195

小贴士

此处需要注意的是，图层样式针对的是全部图层，如果添加"描边"后再执行"斜面和浮雕"效果，即会对全部图层轮廓起作用，图 1-196 所示是两种方法的对比。

顶部属性栏中的"描边"+"斜面和浮雕"效果　　　"图层样式"对话框中的"描边"效果+"斜面和浮雕"效果

图 1-196

选中之前复制的"液晶显示屏底色"图层，圆角矩形颜色色值设置为 #c4ded1。②在"图层"面板中把"混合模式"设置为"正片叠底"。绘制正方形网格，并对网格使用"剪贴蒙版"命令将其剪贴到"液晶显示屏底色"图层形状中，设置"混合模式"为"叠加"，调节图层"不透明度"达到舒适自然的效果。对于液晶屏中的文字，可上网搜索"液晶数字字体"，安装对应字体后输入想要的数字即可，液晶屏绘制完成，如图 1-197 所示。

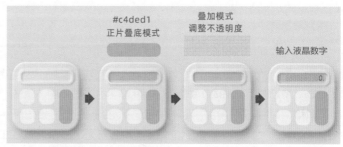

图 1-197

绘制按键

选中 5 个按键所在图层，按快捷键 Ctrl+G 进行编组，并命名为"按键"，选中"液晶显示屏边框"图层，单击鼠标右键打开快捷菜单，选择"拷贝图层样式"选项。①选中"按键"组，单击鼠标右键打开快捷菜单，选择"粘贴图层样式"选项，把"斜面和浮雕"效果应用到"按键"组上。②使用轻渐变色给按键上色。为左侧 4 个按键添加"渐变叠加"效果，设置亮部色值为 #5cfafc、暗部色值为 #22aef6，"角度"设置为 120 度，为右侧按键添加"渐变叠加"效果，设置亮部色值为 #f8c71c、暗部色值为 #f2a106，"角度"设置为 120 度。③为了让按键四周有一圈浅浅的凹陷效果，选择"内发光"效果来实现。设置左侧 4 个按键"内发光"效果的色值为 #84cff5，"混合模式"为"叠加"，"不透明度"为 73%，"大小"为 8 像素。设置右侧按键"内发光"效果的色值为 #f6cf32，其他设置与左侧按键一样，如图 1-198 所示。

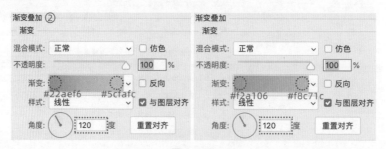

图 1-198

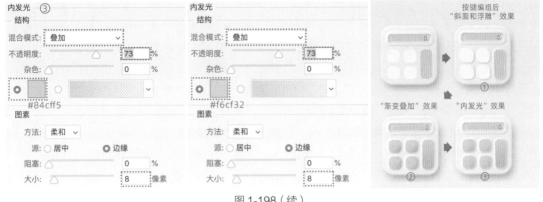

图 1-198（续）

　按键上的文字也需要凸出的效果。先输入要使用的按键符号，每个符号一个图层。选中 5 个按键符号图层，按快捷键 Ctrl+G 进行编组，并命名为"按键符号"。④选中"按键"图层，单击鼠标右键打开快捷菜单，选择"拷贝图层样式"选项，选中"按键符号"组，单击鼠标右键打开快捷菜单，选择"粘贴图层样式"选项，把"斜面和浮雕"效果应用到"按键符号"组上。选中"按键符号"组，双击打开"图层样式"对话框，选择"斜面和浮雕"效果，在设置里把"大小"调整为 6 像素，在"阴影"选项组中把"高光模式"的颜色调整为白色（#ffffff），"阴影模式"的颜色调整为黑色（#000000），"不透明度"改为 75%，二者的"混合模式"均调整为"叠加"，如图 1-199 所示。"新拟态"风格的计算器图标绘制完成，如图 1-200 所示。

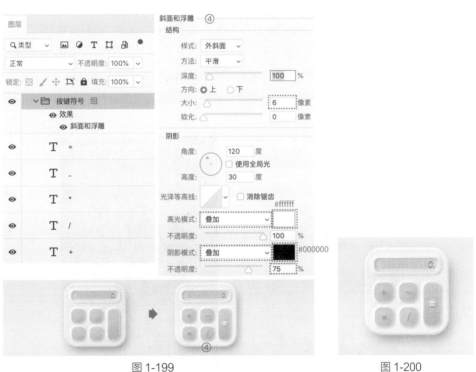

图 1-199　　　　　　　　　　　图 1-200

　　在以上的 6 个案例中，我们对设计拟物化图标的设计和操作技巧进行了讲解分析，重点介绍了"图层样式"的使用。图标的制作方法多种多样，希望这些案例能对读者设计图标提供帮助。另外，Photoshop 的设计功能非常强大，每个设计师在它的协助下都可以发掘很多技能，希望读者朋友们充分发挥自己的探索精神，找到适合自己的操作技巧。

1.8 主题图标

主题图标主要为 Android 系统中的界面设计服务，苹果系统并未使用主题图标这一概念。使用 Android 系统的手机用户可以在其应用商店中下载和购买整套主题图标，包括锁屏壁纸、锁屏样式、图标、插件等。近年来，小米、华为、vivo 等知名厂商都会定期举办手机界面主题设计大赛，以此吸引众多设计师参与，从而发掘优秀作品，推进市场开发应用。

主题图标是手机界面设计的重要部分之一，一套完整的主题图标通常包括：系统常用图标（时钟、日历、天气、笔记、文件管理、阅读、一键锁屏、浏览器、电子邮件、软件商店、主题商店、音乐、视频、相册、电话本、设置、相机、拨号、信息、游戏中心、意见反馈、系统更新、录音、手电筒、计算器、下载管理、备份与恢复等）、通用图标（文件夹图标、第三方图标等）。这些图标的设计内容、尺寸等均根据手机品牌的不同有不同的要求。

主题图标的设计风格没有特定标准，但所用风格的特点最好能够贴合主题，因此它的设计重点主要在于体现"主题"性。我们需要根据主题的含义确定一个创意概念，这个创意可以是以故事为背景的、以某事物（节日、文化等）为元素的或以表现某种材质特征的设计等，让用户产生概念含义的认同感或明确其形态质感，并在使用中充分感受其交互特性。除此之外，主题图标同样需具备前文提到的图标设计的视觉一致性。

1.8.1 主题图标赏析

1. 以材质表现主题

材质，顾名思义，就是除图标应传递的功能性信息之外，整套设计重点体现材质的质感。例如"毛毡小铺"整套主题图标主要表现不织布的材质，结合图形创意，如雨伞代表天气、蛋糕代表日历等，以及配色纯度上的统一，体现出纯朴的质感和可爱的概念，如图 1-201 所示。

图 1-202 所示的主题图标"逐梦"也是一套注重表现材质的图标，每个图标都用泡泡包裹住，形态轻盈，看起来精巧细致、十分梦幻。

图 1-201

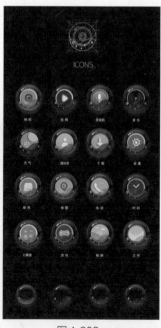

图 1-202

2. 以概念为主题

这种风格的主题图标的创意切入点可以是有特色的、新颖的、有趣的主题或元素，如节日主题、文化主题、民族风等。图 1-203 所示是一套以"中国风"概念为主题的图标，不仅造型上选用了中国传统物件来体现图标的功能性，其配色及装饰也非常具有中式风韵。图标在创意上运用了图形创意中"形"的联想手法和"意"的联想手法。

图 1-204 所示是一套以日式传统风格为特点的主题图标，整套图标的色调纯朴自然，保持了色彩纯度上的统一性，营造出古朴典雅的设计感。在图形创意上运用了"意"的联想手法，如"联系人"图标选用了日本独具特色的艺伎形象，并进行了简化；"手电筒"图标使用了纸灯笼，借发光之意传递手电筒的功能；"定位"图标选景富士山，把地标与定位符号结合也是不错的创意。而本套图标设计也有待完善之处，如"视频"图标，选用三角造型的饭团很有特色，但 3 个角过于尖锐，可以更加圆润一些，使之与其他图标的形式更加和谐统一。

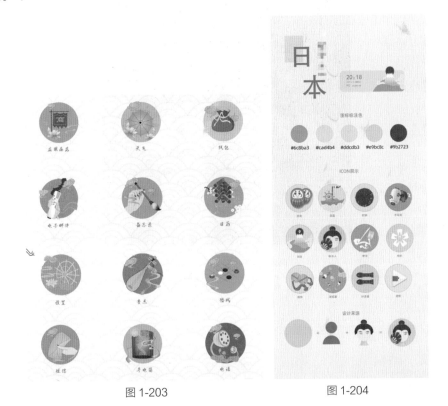

图 1-203   图 1-204

3. 以故事为背景

设计思路可以以一本小说、一部电影、一个游戏等为线索展开，主题图标的特点可以以与故事背景相关的事物为原型来进行创意设计。例如图 1-205 所示主题图标就是以《小王子》为背景故事设计的，设计者采用了手绘风的图形特点，并将整套图标形态建立在一个个"星球"上，也就是底色框，图标的整体轮廓趋于圆形，具有视觉一致性。这里补充一点，我们常见的图标底色框多为圆形、圆角矩形等单一几何形，但是一套图标的所有底色框并非只能固定为一个形状，只要能保持它们的视觉一致性即可，因此本套主题图标底色框的主视角形状轮廓的设计大同小异。

整套图标设计运用了图形创意中"形"的联想手法，如"拨号"图标是将一只小狐狸抱着饼干的形态融合在圆形中，狐狸尾巴的造型像电话听筒，饼干上的颗粒像电话的按键，示意"拨号"的功能。又如"天气"

图标，设计者给绿色的星球加上了围巾，提示温度的变化。在"计算器"图标中，星球上的坑洞趋于椭圆形，和计算器上的按钮形态相似，这些都是非常有趣的创意设计。

图 1-205

1.8.2 主题图标案例

主题图标的创作流程

1）构思主题。寻找主题的方向，明确是以表现材质为主题，还是以故事背景、民俗文化等为主题。

2）确定图标风格。根据主题的方向，寻找适合主题的表现风格，如扁平化风格、拟物化风格、像素风格、手绘风格、瑜伽风格、2.5D 风格等。

3）造型设计。从主题中提取相关元素进行创意设计和视觉符号的沿用，可以使用图形创意中的重构手法，如"形"的联想、"意"的联想、"形意结合"的联想方法。可以先手绘出草稿，手绘稿确定后再将其导入软件进行电子稿的制作，这样效率会更高。

4）配色设计。可从主题中提取相关色彩，根据需要进行调整，使其搭配统一。

5）调整完善。最后便是一整套图标设计的最终环节，检查并调整图标中视觉上不够统一的地方，如形状、颜色、大小等，以及质感的完善程度。

牛仔主题图标案例

扫码看视频

某牛仔品牌主题图标效果展示如图 1-206 所示。

图 1-206

设计方式

1）构思主题。以牛仔材质入手进行主题设计。

2）风格定位。考虑到牛仔布料的质感，设计采用拟物化风格。提取牛仔布产品中靛蓝色牛仔斜纹布、后侧的皮章、牛仔布料的走线、红色标签等元素，如图 1-207 所示，还原牛仔布料和皮质效果的经典搭配。

3）造型设计。不过多地追求形态上的创意，将重点放在材质表现上，突出图标质感。图标使用常规造型，手绘稿如图 1-208 所示。

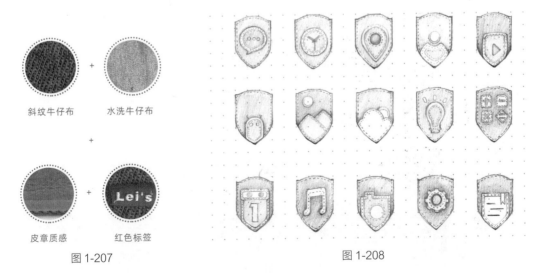

斜纹牛仔布　　　　水洗牛仔布

皮章质感　　　　红色标签

图 1-207　　　　　　　　　　　　　　图 1-208

4）配色设计。图标的底色框均为牛仔布料质感的口袋造型，用有色皮质的效果作为装饰，为全套牛仔图标增添细节变化，色彩同样保持明度和纯度的统一。明度是否统一可以通过对比去色处理后的图片效果来判定，去色后明暗比较接近则明度一致，方法如图 1-209 所示。

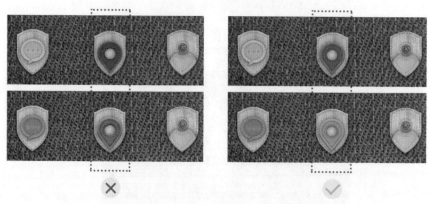

调整前，定位图标红色太深，去色调整后，明暗的视觉效果统一了

图 1-209

5）调整完善。最后检查图标在形状、颜色、大小上是否达到了视觉一致性，质感表现是否自然真实，并进行细节完善。

以"时钟"牛仔质感图标的绘制为例，其图标设计思路如图 1-210 所示。

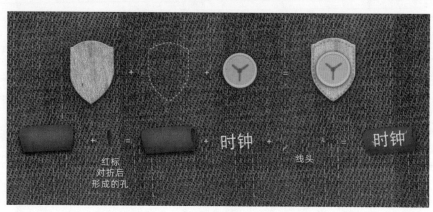

图 1-210

绘制底色框

①绘制出底色框（牛仔裤后袋形状），为底色框添加"图层样式"对话框中的"渐变叠加""斜面和浮雕""外发光""投影"效果，用剪贴蒙版的方式把水洗牛仔布料素材剪贴到绘制好的形状里，如图 1-211 所示。

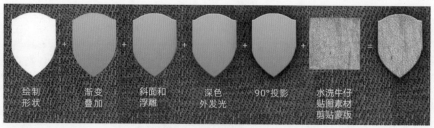

图 1-211

②复制一个底色框形状，将其缩小一圈，去掉底色后使用形状虚线描边，绘制牛仔裤后袋上的走线。然后使用"图层样式"对话框中的"斜面和浮雕"和"投影"效果，营造走线凸出的体积感，如图 1-212 所示，底色框绘制完成。

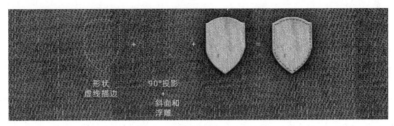

图 1-212

绘制时钟

①绘制一个圆形，添加"图层样式"对话框中的"图案叠加""斜面和浮雕""内阴影""外发光""投影""颜色叠加"效果，营造皮质感。

②绘制皮质凹陷效果的方法和①类似，添加"图层样式"对话框中的"图案叠加""斜面和浮雕""内阴影""颜色叠加""投影"效果即可，如图 1-213 所示。

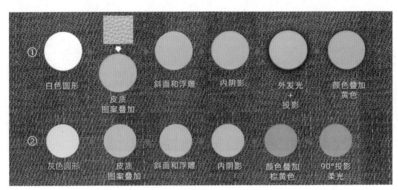

图 1-213

③表盘中的走线相对简单，绘制两个相同的圆形，使用虚线描边，一个为浅黄色，另一个为深棕黄色，然后稍做错位摆放，就能实现走线凹陷的效果。

④制作指针时，先绘制好指针，再为其添加"图层样式"对话框中的"颜色叠加""斜面和浮雕""投影"效果即可，③、④步如图 1-214 所示。

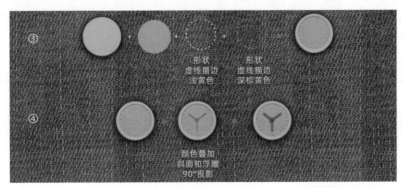

图 1-214

绘制红色标签

绘制出标签形状，使用"图层样式"对话框中的"图案叠加"效果，接着使用"渐变叠加"效果做出标签因对折而凸出来的效果。添加"内发光"效果，设置颜色为白色（#ffffff），"混合模式"为"颜色减淡"，"方法"为"柔和"，该效果的添加让标签的立体效果更真实、有光泽。最后加上"投影"效果。红色标签对折后形成的孔用"钢笔工具" ✐ 绘制，并按光影添加"渐变叠加"效果，保证左暗右亮。标签上的文字应用"图层样式"对话框中的"斜面和浮雕""内阴影""渐变叠加""投影"效果，加上"线头"的细节使其具有刺绣的质感，如图 1-215 所示。

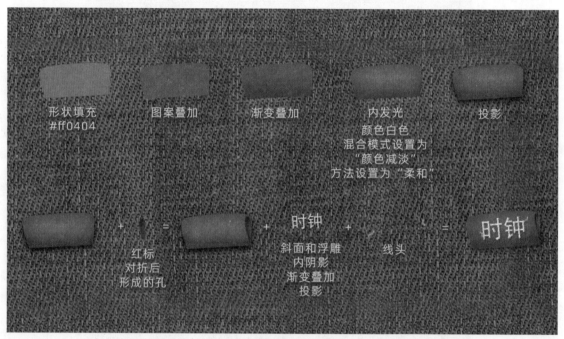

图 1-215

牛仔质感的"时钟"图标制作完成，如图 1-216 所示。

图 1-216

牛仔主题其他图标的制作步骤与牛仔质感"时钟"图标的类似，最终全套主题图标成稿如图 1-217 所示。本案例材质的表现相对简单，主要利用牛仔布料和皮质纹路的贴图，并借助"图层样式"对话框中的"图案叠加"效果来实现。熟悉 Photoshop 后，读者也可以使用软件里的"滤镜"→"添加杂色"等效果尝试制作其他布料质感，感兴趣的读者朋友们可以研究一下。

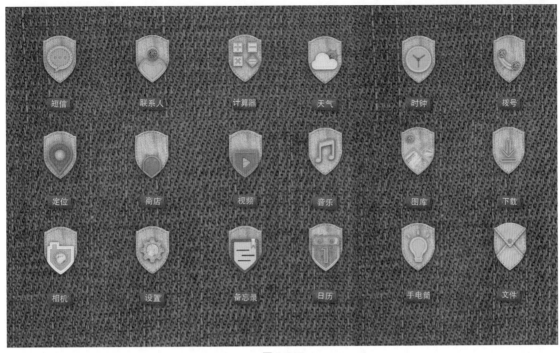

图 1-217

　　本章主要介绍了图标设计的基本知识、不同风格的图标设计方式与制作过程。无论是哪一类图标，在设计时都要明确一点，即图标的作用是代替文字快速准确地传达界面的功能信息，视觉设计始终为功能应用服务。因此，我们必须记住图标设计的两个要点：

　　①含义明确、识别性强；

　　②保持一致性（造型、配色、质感、透视、光影等）。

同时也要避免图标设计常见的问题：

　　①形态过于相似、辨识度低；

　　②结构过于复杂，不利于小尺寸使用。

　　③统一性不够高、系列感弱。

　　只有注意以上事项，设计出的图标才能更加规范和完善。

第 2 章

iOS 和 Android 系统设计
原则及规范

UI 设计有整套严密统一的设计规范，因此设计师在制作 UI 图标时既要具备创新意识，也需遵循基本的原则与规范，如界面尺寸、界面边距、控件间距、文字版式等，都需要熟练掌握并能灵活运用于整套 UI 设计中。目前主流的移动端系统分别是 iOS 和 Android 系统，本章将会根据两个系统的不同规范，为读者系统介绍与列举各类常见界面的设计原则及尺寸规范，帮助读者快速掌握界面设计规范中的知识要点。

iPhone 12/12 pro

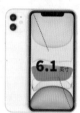

iPhone 11/XR

iPhone X/XS

iPhone 6Plus/7Plus/8Plus

iPhone 6/7/8

iPhone SE

HUAWEI P40

HUAWEI P30

HUAWEI nova 7 5G

HUAWEI Mate 30

华为畅享20 5G

华为麦芒9

小米10至尊纪念版

小米10

小米10 青春版 5G

Redmi K30 5G

Redmi 9A

2.1 iOS 设计原则及规范

iOS 原名 iPhone OS，是由苹果公司为其移动设备开发的移动操作系统，支持设备包括 iPhone、iPad、iPod touch，本节主要介绍 iPhone 界面设计规范。

2.1.1 界面尺寸

目前使用 iOS 的 iPhone 设备主要包括 iPhone 12、iPhone 11、iPhone X、iPhone 6Plus/7Plus/8Plus、iPhone 6/7/8、iPhone SE 等，常用手机型号的外观尺寸及屏幕尺寸对比如图 2-1 所示。

| iPhone 12/12 pro | iPhone 11/XR | iPhone X/XS | iPhone 6Plus/7Plus/8Plus | iPhone 6/7/8 | iPhone SE |

图 2-1

苹果手机也在 iPhone X 诞生之后正式进入全面屏移动时代，在 UI 的尺寸与规范上也有了较大变化，详细屏幕尺寸、分辨率和显示规格如表 2-1 所示。其中 iPhone 6/7/8/SE 的分辨率（1334px×750px）通常作为基准尺寸，可向上或向下适配，2.1.9 小节会详细讲述设计适配的内容。

表 2-1

手机型号	屏幕尺寸	分辨率	图像分辨率	倍率
iPhone 12	6.1 英寸（1 英寸 =2.54 厘米）	2532px×1170px	460ppi	@3x
iPhone 12 pro	6.1 英寸	2532px×1170px	460ppi	@3x
iPhone 12 mini	5.4 英寸	2340px×1080px	476ppi	@3x
iPhone 11 Pro Max	6.5 英寸	2688px×1242px	458ppi	@3x
iPhone 11	6.1 英寸	1792px×828px	326ppi	@2x
iPhone XR	6.1 英寸	1792px×828px	326ppi	@2x
iPhone XS Max	6.5 英寸	2688px×1242px	458ppi	@3x
iPhone XS	5.8 英寸	2436px×1125px	458ppi	@3x
iPhone X	5.8 英寸	2436px×1125px	458ppi	@3x
iPhone 6Plus/7Plus/8Plus	5.5 英寸	1920px×1080px	401ppi	@3x
iPhone 6/7/8 iPhone SE（第二代）	4.7 英寸	1334px×750px	326ppi	@2x

2.1.2 栏高度

除了界面尺寸与显示规格，iOS 的界面中对状态栏、导航栏、标签栏也有严格的尺寸要求，遵循相关的设计规范可有效提高最终界面设计的适配度。状态栏、导航栏、标签栏在界面中的位置如图 2-2 所示。

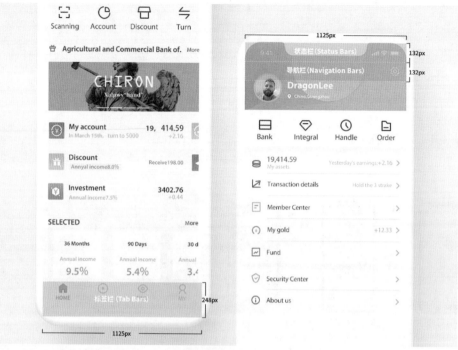

图 2-2

（1）状态栏（Status Bars）。

状态栏位于界面最上方，主要用于显示当前时间、网络状态、电池电量、SIM 运营商。不同型号设备的状态栏高度不同，例如 iPhone 12、iPhone 11、iPhone X 等全面屏型号的手机界面状态栏高度通常为 88px 或 132px，全面屏幕设备的外观设计的高度会高于非全面屏设备的，iPhone 6/7/8 等非全面屏设备的状态栏高度通常为 40px 或 60px，如图 2-3 所示。

图 2-3

状态栏为 iOS 固定版式，可在系统设置中调节深色、浅色两种模式，如图 2-4 所示。

图 2-4

（2）导航栏（Navigation Bars）。

导航栏位于状态栏之下，主要用于显示当前页面标题。目前 iOS 的导航栏主要包括 88px 和 132px 两种高度。除当前页标题外,导航栏也会用于放置功能图标。左侧通常是后退跳转按钮,点击左箭头则跳转回上页。右侧通常包括针对当前内容的操作,例如设置、搜索、扫一扫、个人主页等,全屏浏览界面下导航栏会自动隐藏,如图 2-5 所示。

各类软件 状态栏/导航栏

图 2-5

(3)标签栏(Tab Bars)。

标签栏通常位于界面底部,也有少部分标签栏位于状态栏之下、导航栏之上。标签栏主要包括 App 的几大主要板块,通常由 3~5 个图标及注释文字组成,例如微信标签栏内容为"微信""通讯录""发现""我"4 个板块,如图 2-6 所示。

图 2-6

标签栏用于全局导航,通常会保持显示状态不隐藏。不同类别的软件根据其自身功能的不同,标签栏内容也会有相应的变化,但基本都包含首页、个人主页、搜索与发现这 3 类主要功能板块,如图 2-7 所示。

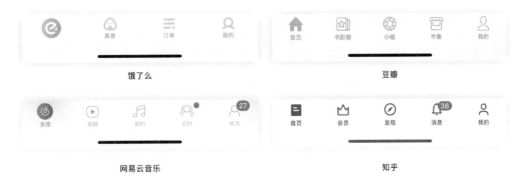

各类软件 标签栏

图 2-7

了解与掌握 iOS 的栏高度,有利于在界面图标设计的实际应用中更精确、有效地实现设计方案,表 2-2 汇总了 iPhone 常用型号界面中的栏高度数据。

表 2-2

手机型号	Status Bars 状态栏（px）	Navigation Bar 导航栏（px）	Tab Bar 标签栏（px）
iPhone 12 iPhone 12 pro iPhone 12 mini iPhone 11 Pro Max	132	132	147
iPhone 11 iPhone XR	88	88	98
iPhone XS Max	132	132	147
iPhone XS iPhone X	132	132	248
iPhone 6 Plus/7 Plus/8 Plus	60	132	147
iPhone 6/7/8 iPhone SE（第二代）	40	88	98

2.1.3 边距和间距

在平面设计领域中，不论是海报设计、版式设计，还是本书所讲解的界面设计，只要涉及整体页面与内部图标，页面的边距、元素之间的间距就都是设计要点。边距与间距设计得是否合理，会影响用户的使用体验。如果间距过于大，会导致用户阅读不流畅，文字板块失去连贯的视觉引导，用户识别内容的效率降低；相反，如果间距过于小，页面整体内容会显得过于拥挤，难以体现清晰的功能分类，影响用户使用感。因此在界面设计中，边距与间距的合理性设置非常重要。以下是对相关内容的解读与分析，帮助读者快速掌握 iOS 界面中常用的间距与边距规范。

（1）全局边距。

全局边距是指页面板块内容到页面边缘之间的间距。例如图 2-8 所示的 iOS 的设置页面和备忘录页面的全局边距均为 30px，这也是 iOS 的通用边距。

全局边距的作用及设计要点主要包括以下几点。

视觉统一性。全局边距可以使整体页面的图片与文字更加和谐，不会出现图片过大、过于突出的情况，如果一个 App 设定了

iPhone 6/7/8 设置页面

iPhone 6/7/8 备忘录页面

图 2-8

全局边距，那么除特殊情况外，App 的所有页面也应统一使用此边距进行规范，由此达到视觉的统一。

阅读引导性。引导用户从上到下的视觉流线，并且将用户的注意力集中于页面。

设计美观性。合理的全局边距设定使整体页面看起来更加简洁美观，适合长时间阅读。

根据界面设计的版式风格与图标数量等内容的差异，不同 App 中的全局边距设定也会有区别，如图 2-9 所示，爱彼迎的全局边距为 30px，微博的全局边距为 25px，淘宝的全局边距为 20px。以 iPhone 6/7/8/ SE（1334px×750px）屏幕尺寸为基准，常用的全局边距有 20px、24px、30px、32px。全局边距通常是偶数，并且在倍率为 @2x 时常用 24px，倍率为 @3x 时常用 32px。

图 2-9

（2）卡片边距。

在界面设计中，卡片式设计是一种较为常用的形式，其特点是用色块背景将信息分组、分类，从而清晰地区分不同组别的内容，使页面空间得到更好的利用。页面中的卡片边距根据承载信息内容的多少来界定，通常不小于 16px。边距过小或过大都会降低信息传达的效率，当信息量较少时，边距可适当放大，例如 iOS 设置页面卡片边距为 70px。同样，以 iPhone 6/7/8/SE（1334px×750px）屏幕尺寸为基准，常用的边距为 20px、24px、30px、40px。例如，App Store 卡片边距为 60px，微信订阅号卡片边距为 40px，如图 2-10 所示。

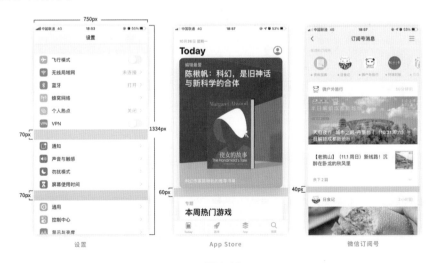

图 2-10

（3）内容间距。

在界面设计中主要使用格式塔原理确定界面中的内容分布及内容之间的间距。根据接近法则，物体之间的相对距离会影响我们感知它们是如何组织在一起的，相距接近的物体越容易被视为一组。例如，图 2-11 所示内容中，每个图标所对应的图形与名称文字之间的间距明显小于其与另一个图标之间的间距，图标之间自然分组。

网易云音乐   饿了么   Instagram

图 2-11

2.1.4 界面布局

根据 App 的定位及每个页面信息内容的复杂程度不同，界面设计的版式及布局方式也会有所区别，UI 设计中常用的布局方式主要包括无框式布局、卡片式布局、列表式布局 3 类。

（1）无框式布局。

无框式布局是一种新兴且流行的布局形式，能呈现出简约、清新、干净的视觉效果，使用此布局方式的 App 大多包含以下 3 个特点。

以图片为主体。以图片为主体的 App 主要强调图片内容，通常图片尺寸较大且形状规整，借图片的块面自然地对版式进行划分，起到了规范画面结构的作用。图 2-12 所示的下厨房和古田路九号的首页界面，都以展示图片为主，但两相比较，古田路九号比下厨房界面更为整洁，因为它对图片尺寸要求更严格，界面版式显得更加有序。

功能简洁。功能简洁的 App 的界面中需要呈现元素相对较少，元素之间的距离可以进行充分的变化和协调，无框式布局很适合于此类 App。例如，百度网盘的文件界面以图标名、注释文字为主，元素较少且重复性较高，使用无框式布局可保持画面的简洁性，减少干扰因素；LogoScopic Studio 软件界面以图片为主，说明性文字需点击图片才会显示，使用无框式布局可以实现极简的画面效果，如图 2-13 所示。

| 下厨房 | 古田路九号 | 百度网盘 | LogoScopic Studio |

图 2-12 　　　　　　　　　　　　　　　　　　图 2-13

内容规律。当 App 整体界面中所呈现的几类元素层级重复、类别统一、内容规律时，也非常适合使用无框式布局。图 2-14 所示的爱彼迎与找我婚礼 App 界面，其中的内容并不少，但使用了无框式布局避免了产生信息混乱的情况。因为这类 App 的每组元素重复性较高，所以充分运用字体字号的变化及外框图形，遵循格式塔原理，使每组元素自然分组，无须增加分割线，就可以形成简洁的无框式布局。

爱彼迎　　　　　　找我婚礼

图 2-14

（2）卡片式布局。

卡片式布局也是我们经常使用的布局形式，它可以帮助设计师清晰地对整体界面进行分割，对图片及信息进行明确分类，使卡片之间各自独立，互不干扰。

卡片色彩通常有两种应用形式，如图 2-15 所示。第一种是纯色模式，卡片颜色较浅，背景颜色较深，而卡片与背景之间有深色的投影，由此形成更加立体的视觉效果。当然也有相反的情况，例如卡片比背景颜色更深，或是根据整体色调卡片呈彩色。第二种常见于 iOS，卡片为半透明样式，呈现部分背景颜色，这种样式可以在保证用户有效识别内容的同时，增强卡片与背景的融合性，使卡片不会填满屏幕显得过于生硬，也不会完全脱离背景显得突兀，整体界面有明亮、通透的视觉效果。

图 2-15

常用的卡片式布局可分为两类，分别是单栏卡片布局与双栏卡片布局。

单栏卡片布局。单栏卡片布局主要用于信息类别较多的情况，将繁杂的信息进行有效分类，利用卡片对其进行分组，使其在阅读上不会相互干扰。当图片、图标、文字层次较多时，使用卡片布局可以对所有信息进行非常清晰的分类，如图 2-16 所示。当然，这类布局形式如果使用不恰当，反而会浪费空间，造成设计累赘。

双栏卡片布局。需要在同一页面中呈现多张图片时，常用双栏卡片布局。此布局形式能更有效地提高界面空间使用率，呈现更多的信息。花瓣 App 和线上购物淘宝 App 都以图片展示为主，使用了双栏卡片布局，便于在同一界面中更多地呈现商品图片，也便于用户对图片进行对比，如图 2-17 所示。

百度网盘   iMuseum

图 2-16

图 2-17

（3）列表式布局。

列表式布局常见于短信息较多的情况，可有效利用页面空间，将信息更多地展示于页面中并做好清晰的分类。常见的社交类 App，例如微信、QQ，还有手机中自带的通讯录、通话记录、短信等页面都经常使用此类布局。根据内容数量的不同，列表高度也会有不同，内嵌式列表高度会相对较低，出血式列表高度会相对较高，如图 2-18 所示。

内嵌式列表布局　　　　出血式列表布局

图 2-18

2.1.5 图片比例

UI 设计中常用的图片尺寸和版式设置并不是任意的，而是建立在人体工程学基础之上的，按照统一的图片尺寸进行排版和设计，不仅会让整体界面中功能的实现有序规范，而且便于后期精准调整。根据 App 的定位与风格，图片可以横置或竖置，不同的图片尺寸也可以同时使用，以增强画面的丰富性，常用的图片尺寸比例为 1∶1、3∶4、2∶3、16∶9、16∶10 等，如图 2-19 所示。

淘宝　　　　　　站酷　　　　　　花瓣　　　　　古田路九号

图 2-19

2.1.6 图标规范

每个应用程序都需要一套系统图标，例如 iOS 的 UI 主图标可以在 App Store 中引起用户的注意，并在主屏幕中脱颖而出，加深用户对应用程序的印象，也体现了对应软件的设计定位与界面风格。图 2-20 展示了 iOS 中的设置图标、电话图标、邮件图标、照片图标、地图图标、时钟图标。

图 2-20

（1）设计原则。

根据 iOS 图标功能，我们可以分析出其 UI 图标设计需要遵循以下几点设计原则。

简洁性。第一是主图形保持简洁，以简单、独特的图形表达图标含义，谨慎添加细节。如果图标内容或形状过于复杂，在较小尺寸的情况下可能难以分辨细节。第二是背景保持简洁，确保识别效率，避免层次混乱。

焦点性。第一是图标含义的焦点性，选择的图标元素要能有效概括和体现应用程序的功能属性，使用户能通过图标快速获悉软件的定位。第二是图标图形的焦点性，尽量使用带中心点的图标，可在圆角矩形外轮廓基础上更规范地展示出抽象图标。

图形性。尽量使用简洁的图形来设计图标，不要使用照片或屏幕截图。由于图标展示尺寸较小，因此细节太多的设计通常无法准确辅助传达应用程序的用途，甚至会有误导性和视觉杂乱感。

统一性。应用程序中的所有图标在细节部分，如光学重量、笔画粗细、位置和透视方面都应保持一致。以潮牌资讯 App 图标设计为例，同一套图标，其风格必须保持一致，如图 2-21 所示。风格一致主要体现在图标细节的统一，例如线条粗细、填充颜色、圆角弧度、图形间距等细节设计需全部保持一致，形成统一规范的风格，给予用户精准的视觉体验。从图 2-21 我们也能对比出，实心图标往往比轮廓图标更清晰，如果图标必须包含线条，则需要与其他图标和应用程序的版式协调好权重。

图 2-21

（2）iOS 图标属性。

表 2-3 展示了 iOS 中所有应用程序图标应遵循的属性规范。

表 2-3

属性	值
格式	PNG
色彩	P3（广色域）、sRGB（彩色）、Gray Gamma 2.1（灰度）
风格	扁平化、不透明
形状	圆角矩形

（3）iOS 图标尺寸。

安装应用程序后，每个应用程序都会在主屏幕和整个系统中显示其图标，表 2-4 所示展示了 iOS 中图标应遵循的尺寸规范。

表 2-4

手机型号	倍率	App Store 图标尺寸	应用程序 图标尺寸
iPhone 12 iPhone X iPhone 6/7/8Plus	@3x	1024px×1024px	180px×180px
iPhone 11 iPhone 6/7/8	@2x	1024px×1024px	120px×120px

2.1.7 版式规范

在界面设计中，版式是贯穿和组织所有元素的设计要点，最终呈现的界面需保证各种大小的文字都清晰易读，图标形态精确清晰，装饰巧妙恰当。界面设计的核心是对功能的高度关注，因此所有的页面空间、颜色、字体、图形和界面元素都要合理，并且保证重要信息传达的高效性、准确性与交互性。界面版式设计原则主要可以归纳为3类，分别是对齐、对称、归组，如图 2-22 所示。

图 2-22

对齐。同层级的信息保持对齐，整体界面边距保持对齐。整齐的版式可以有效传递规范的视觉效果，给用户流畅的阅读体验。

对称。手机界面尺寸较小，若使用复杂的版式会使整体版面显得混乱，而使用对称的版式能快速呈现一种规范整体、有条理的视觉效果。不仅是版式，图标的设计也大多采用中心对称的形式，这可以让用户视觉体验上的舒适度更高。

归组。当信息较为繁杂时，设计师需要对信息进行筛选与划分，根据格式塔原理中的接近法则，把关联的信息排列得更紧密，进行归组，为用户提供结构清晰的浏览界面，提高文本可读性。

2.1.8 文字规范

iOS 中英文字体使用的是 San Francisco（SF）和 New York（NY），中文字体使用的是 Ping Fang SC 苹方黑体。San Francisco（SF）是一个无衬线类型的字体，与用户界面的视觉清晰度相匹配，使用此字体的文字信息清晰易懂；New York（NY）是一种衬线字体，旨在补充 SF 字体，各自效果如图 2-23 所示。

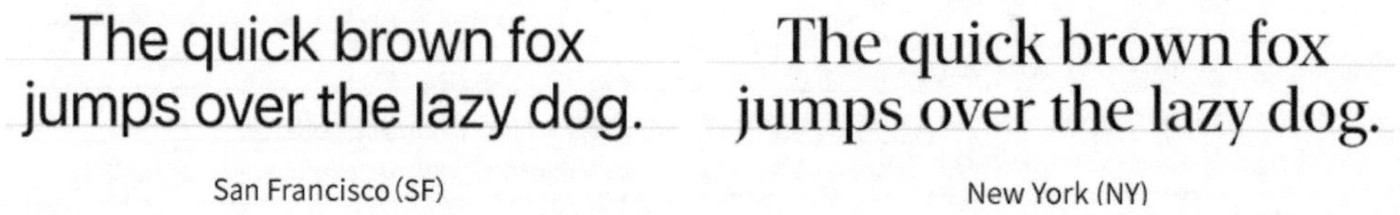

The quick brown fox
jumps over the lazy dog.

San Francisco (SF)

The quick brown fox
jumps over the lazy dog.

New York (NY)

图 2-23

在 iOS 中用户可自行选择文本大小，从而提高文本的灵活性。表 2-5 主要汇总了默认字体字号。

表 2-5

信息层级	字体样式	字号 (points)	强调 (points)
大标题 Large Title	Regular	34	41
标题一 Title 1	Regular	28	34
标题二 Title 2	Regular	22	28
标题三 Title 3	Regular	20	25
头条 Headline	Semi-Bold	17	22
正文 Body	Regular	17	22
标注 Callout	Regular	16	21
副标题 Subhead	Regular	15	20
注解 Footnote	Regular	13	18
注释一 Caption 1	Regular	12	16
注释二 Caption 2	Regular	11	13

2.1.9 设计适配

手机的型号不同，其屏幕分辨率也会有所区别，在进行 UI 设计时，设计师需要一项基准尺寸来适配其他多种分辨率，目前通常以 667px×375px @1x（1334px×750px @2x）尺寸为基准，如图 2-24 所示（@1x 表示 1 倍图，@2x 表示 2 倍图，依此类推）。

图 2-24

2.2 Android 系统设计原则及规范

    Android 公司创建于 2003 年 10 月，在 2005 年被 Google 公司收购，2007 年 11 月 5 日 Google 公司正式发布 Android 操作系统，并于 2008 年 9 月 23 日发布第一个商业版本 Android 1.0 系统。 Android 系统与 iOS 不同，iOS 是一个非开源系统，特点是封闭、规范、统一，而 Android 是一个开源系统， 即其源代码开放。开发商可以在版权限制范围内对 Android 系统的开放代码进行编译改动，实现自由定制 与设计，重新开发的效果。本节主要介绍 Android 系统的界面设计原则及规范。

    与 iOS 不同，Android 系统因其开放性与自由性使得市场上使用这一系统的手机品牌众多，各类设备 的型号、规格、版本、分辨率、边距、间距等数据较为庞杂。几乎每个使用 Android 系统的手机品牌为区 别于其他品牌，都会基于 Android 底层框架，根据自身产品定位和设计规范，深度定制与优化手机操作系 统，例如华为的 EMUI 系统、小米的 MIUI 系统、OPPO 的 Color OS 等，如图 2-25 所示。因此在分析 Android 系统的界面设计原则及规范时，很难同 iOS 一样有一套严格的、统一的标准。在本节中，我们会 基于 Google 公司原生的 Android 系统来进行讲解，并引入现阶段主流手机品牌机型的相关数据进行对比， 即比较界面设计的参考尺寸，以此为读者提供较为全面的 Android 系统的界面设计原则及规范作为参考。

图 2-25

2.2.1 界面尺寸

在介绍 Android 系统的界面尺寸之前，因为 Android 系统中使用的部分单位与 iOS 中的有所不同，所以我们需要先了解 Android 系统的常用单位。dpi 即密度，公式为 dpi= 屏幕宽度（或高度）像素 / 屏幕宽度（或高度）英寸，常用中码倍率 @2x 对应 xhdpi，约 4.7 英寸手机屏幕；大码倍率 @3x 对应 xxhdpi，约 5.7 英寸手机屏幕，以此类推，@4x 对应 xxxhdpi。px 即像素，dp 即点，公式为 dp=(宽度像素 x160)/dpi，像素比即像素与点之比，例如像素比为 2.0，xhdpi 为 48dp，对应像素则应该为 96px。详细数据如表 2-6 所示。

表 2-6

模式名称	分辨率	密度 dpi	像素比	屏幕尺寸	使用现状
ldpi（Low dpi）	–	–	–	–	基本已绝迹，不予考虑
mdpi（Medium dpi）	320px×480px	160	1.0	–	使用此分辨率的手机目前市场份额不足 5%
hdpi（High dpi）	480px×800px 480px×854px 540px×960px	240	1.5	3.5~5.0 英寸	早年常用于低端手机
xhdpi（Extra High dpi）	720px×1280px	320	2.0	4.7~5.5 英寸	常用于中低端手机
xxhdpi	1080px×1920px 1080px×2160px	480	3.0	5.0 英寸以上	常用于中高端手机和全面屏手机
xxxhdpi	1440px×2560px	640	4.0	–	常用于超高分辨率手机

目前使用 Android 系统的手机品牌主要包括华为、小米、OPPO、vivo、魅族等，后文会挑选部分品牌的部分机型来进行界面尺寸、分辨率等相关基础属性的对比。

此处主要对比了华为和小米两个品牌的常用手机型号的外观尺寸和屏幕尺寸。所展示的华为手机型号主要包括 HUAWEI P40、HUAWEI P30、HUAWEI nova 7、HUAWEI Mate 30、华为畅享 20、华为麦芒 9；小米手机型号主要包括小米 10 至尊纪念版、小米 10、小米 10 青春版、Redmi K30、Redmi 9A，如图 2-26 所示。

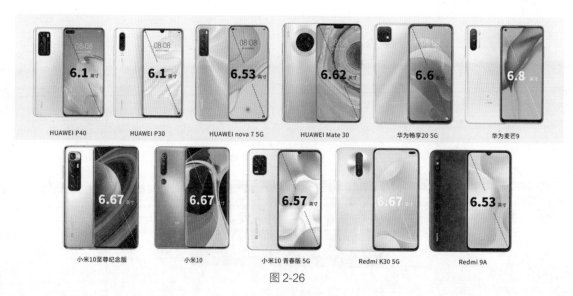

图 2-26

在不同手机品牌的不同手机型号中 Android 系统对应的分辨率数据众多，2018~2019 年全面屏全方位普及后，主流机型屏幕尺寸基本稳定在 6~7 英寸，分辨率宽多为 1080px，高多为 2340px、2400px。表 2-7 所示为华为、小米、OPPO、vivo、魅族 5 个常见的使用 Android 系统的手机品牌的部分机型的屏幕尺寸、分辨率，及各品牌基于 Android 系统自主研发的操作系统（此处多基于 Android 10 系统）信息。

表 2-7

手机品牌	手机型号	屏幕尺寸	分辨率	操作系统
华为	HUAWEI Mate 40	6.5 英寸	2376px×1080px	EMUI 11.0
	HUAWEI P40	6.1 英寸	2340px×1080px	EMUI 10.1
	HUAWEI Mate 30	6.62 英寸	2340px×1080px	EMUI 10.0
	HUAWEI P30	6.1 英寸	2340px×1080px	EMUI 9.1
	HUAWEI nova 7 5G	6.53 英寸	2400px×1080px	EMUI 10.1
	华为畅享 20 5G	6.6 英寸	1600px×720px	EMUI 10.1
	华为麦芒 9	6.8 英寸	2400px×1080px	EMUI 10.1
小米	小米 10 至尊纪念版	6.67 英寸	2340px×1080px	MIUI 12
	小米 10	6.67 英寸	2340px×1080px	MIUI 11
	小米 10 青春版 5G	6.57 英寸	2400px×1080px	MIUI 11
	Redmi K30 5G	6.67 英寸	2400px×1080px	MIUI 11
	Redmi 9A	6.53 英寸	1600px×720px	MIUI 12
OPPO	Find X2	6.7 英寸	3168px×1440px	ColorOS 7.1
	Reno4 SE	6.43 英寸	2400px×1080px	ColorOS 7.2
	A32	6.5 英寸	1600px×720px	Color OS 7.2
vivo	X50 Pro+	6.56 英寸	2376px×1080px	Funtouch OS 10.5
	NEX 3S	6.89 英寸	2256px×1080px	Funtouch OS 10
	S7e	6.44 英寸	2400px×1080px	Funtouch OS 10.5
魅族	魅族 17	6.6 英寸	2340px×1080px	Flyme 8
	Note 9	6.2 英寸	2244px×1080px	Flyme 8

2.2.2 iOS 与 Android 系统的设计语言及界面结构差异对比

要研究 Android 系统整体界面风格及显示规格，可先将 Android 系统与 iOS 进行对比，了解二者在设计语言、设计界面上的结构差异。

（1）设计语言。

在设计语言上，iOS 采用 Flat Design，即扁平化设计，风格倾向于极简、抽象、符号化，注重功能的驱动与信息的交互，例如图标形状必须是圆角矩形，拨号数字用圆形规整化，相比于 Android 系统，它会更多地使用满屏界面版式；Android 系统采用 Material Design，即材料化设计语言，Material Design 是 Google 公司创建的设计语言，可简要理解为纸墨化界面风格，主要是模仿纸张层次特性及其物理质感，在视觉效果上利用投射的光线、阴影来形成层次结构，注重内容层级的划分与用户个性的设置，块面切割较为方正，增强了用户的沉浸式体验，如图 2-27 所示。

在主题设置上，iOS 界面统一、经典，规范性强，自定义部分较少；与非开源的 iOS 不同，Android 系统作为一个开放性的系统，其整体主题界面设计的自由度很高，用户可以根据个人喜好进行自定义设置，如图 2-28 所示，其主题设置更加多样化。

iOS   Android系统

图 2-27

Android系统

图 2-28

（2）界面结构。

在界面结构上，iOS 从上到下分别是状态栏、导航栏、内容视图、标签栏；Android 系统从上到下分别是状态栏、导航栏、Tab 选项卡、内容视图、标签栏、虚拟按钮。2.1.2 小节与 2.2.3 小节分别详细介绍了 iOS 与 Android 系统栏高度相关数据。此外，在锁屏界面解锁交互习惯上，iOS 惯用左右划动解锁，而 Android 系统则为上下划动解锁。除了手势解锁，现阶段的界面交互形式非常丰富，包括指纹识别、面部识别、声控等。

iOS 与 Android 系统在虚拟按键的使用上也有很大的区别，iOS 的虚拟按键即 Assistive Touch 辅助触控工具，包括通知中心、设备、控制中心、主屏幕、手势、自定 6 项功能，用户可以自定义将其悬浮于界面任意位置或自动隐藏于边缘；Android 系统虚拟按键包括返回、主屏幕、多任务 3 项功能，主要出现在界面底部，也可以在系统设置中将其隐藏，如图 2-29 所示。

图 2-29

在 Home indicator 的退出与切换功能上，在全面屏普及之前，Home 键是 iPhone 非常有代表性的一个组成部分，全面屏普及之后，iPhone 取消了物理按键，主要以滑动手势进行操作；而 Android 系统则主要使用底部虚拟按键进行操作。

智能手机系统发展至今，iOS 与 Android 系统在界面结构、交互习惯上愈发相似，例如，过去 Android 系统用户可以使用固定的底部虚拟按键返回前一界面，界面顶部左边很少会设置返回箭头，但随着全面屏时代到来，底部虚拟按键可以隐藏，大部分 Android 系统软件都在顶部左边增加了同 iOS 相似的返回箭头；再例如，过去 Android 系统的嵌入式抽屉操作系统，现阶段也基本不用了。因此，为满足大众化的用户需求，降低使用的习惯成本，在扁平化风格、多任务转换、指纹和面部识别、分屏功能等方面，iOS 与 Android 系统在设计大方向上开始有了更多的相似性，这也逐步降低了两个平台之间的界面转换成本和开发成本。

2.2.3 栏高度

Android 系统界面组成元素主要包括状态栏、导航栏、Tab 选项卡、内容视图、标签栏、底部虚拟按钮 6 项，分布位置如图 2-30 所示。其中导航栏也称顶部应用栏，主要用于显示页面标题和返回上页按钮，通常采用左对齐；Tab 选项卡由 2~3 个选项组成，可分为固定类 Tab 和划动类 Tab 两类，可以通过点击及左右划动选择对应功能；标签栏也称底部导航栏，被图标平分为几等份，图标数量通常为 3~5 个，不可划动；虚拟按钮为固定尺寸，UI 设计师一般不做此项设计。

图 2-30

在栏高度的规范性上，iOS 的界面对于栏高度有严格的尺寸要求，必须遵循统一标准。Android 系统也同样具有基础的栏高度规范，常用分辨率的栏高度尺寸规范如表 2-8 所示。但 Android 系统与 iOS 不同，Android 系统自定义程度较高，对栏高度可以做更多样化的调整，因此 UI 设计师如果想要界面同时适配 Android 和 iOS 两个系统，通常会先以 iOS 为基准进行设计，再适配 Android 系统。

表 2-8

分辨率	dpi	状态栏	导航栏	Tab 选项卡	标签栏
480px × 800px	hdpi	32px	74px	64px	74px
720px × 1280px	xhdpi	48px	112px	96px	112px
1080px × 1920px	xxhdpi	72px	168px	144px	168px
1080px × 2160px	xxhdpi（全面屏）	72px	168px	144px	168px
1440px × 2256px	xxxhdpi	96px	224px	192px	224px

2.2.4 图标规范

Android 系统的图标可具体分为应用图标和系统图标两类，应用图标主要指软件启动图标，需要体现软件的品牌属性和视觉主题；系统图标主要指手机系统默认的功能图标，因为展示尺寸较小，为保证图形的可识别性，整体设计偏简洁化、几何化、规范化，满足中心对称，不带空间感，没有过多装饰，通常用于表示状态、文件、操作等，如图 2-31 所示。

应用图标   系统图标

图 2-31

（1）应用图标设计规范。

因 Android 系统的开源性与复杂性，其图标的设计也相对自由，在不同品牌、不同主题的系统环境下，其应用图标所遵循的规范也有所不同，整体较为繁杂。为了在开放条件中尽可能确保 Android 图标的视觉统一性，体现品牌特性，UI 设计师可使用"关键线形状框架"来进行基础视觉形状、尺寸的定义和归纳，如图 2-32 所示。

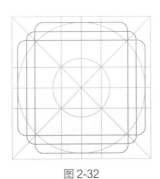

图 2-32

关键线形状框架外围轮廓的尺寸可根据屏幕尺寸来调节，适用尺寸如表 2-9 所示。最常用的尺寸是 xhdpi、xxhdpi、xxxhdpi，即 @2x、@3x、@4x。如果需要适配其他规格，对尺寸进行合理的转换也是非常重要的，例如，将 @4x 转换为 @3x 时，需先将 @4x 转为 @1x 再乘以 3。

表 2-9

mdpi	hdpi	xhdpi	xxhdpi	xxxhdpi
48px×48px	72px×72px	96px×96px	144px×144px	192px×192px

应用图标关键线形状框架的使用方法如图 2-33 所示，不同形状的图标都可以在正方形、长方形、圆形框架规范中进行设计，统一基本规范，并且在不同规格尺寸中，各个形状的像素尺寸也会有区别，表 2-10 归纳了与规范框架一一对应的形状尺寸，即各个形状图标在不同规格环境下具体的像素尺寸，读者可将此作为图标设计的数据参考。

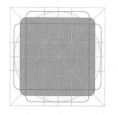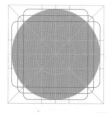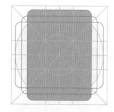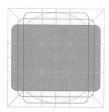

图 2-33

表 2-10

	xhdpi	xxhdpi	xxxhdpi
正方形	76px×76px	114px×114px	152px×152px
圆形	88px×88px	132px×132px	176px×176px
竖向长方形	88px×64px	132px×96px	176px×128px
横向长方形	64px×88px	96px×132px	128px×176px

（2）系统图标设计规范。

相比于应用图标，系统图标的尺寸规范与风格限制更为严格，常用尺寸为 48px×48px（24dp×24dp），图标内容区域、安全区域尺寸为 40px×40px（20dp×20dp），如图 2-34 所示。

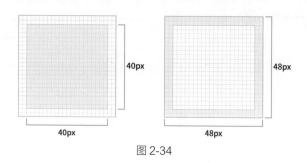

图 2-34

同样，系统图标关键线形状框架的使用也有相应的尺寸规范，如表 2-11 所示。

表 2-11

正方形	圆形	竖向长方形	横向长方形
36px×36px	40px×40px	40px×32px	32px×40px

2.2.5 文字与版式规范

（1）字体、字号、字距规范。

Android 系统所使用的中文字体为思源黑体，字体文件被称为 source han sans 和 noto sans CJK，是一套免费的开源字体，支持繁体中文、简体中文、日文、韩文多语言显示，包括 Thin、Light、Demi Light、Regular、Medium、Bold、Black 7 种粗细选择，规范性中文字体、字号、字距如表 2-12 所示。

表 2-12

信息层级 Type scale	字体样式 Weight	字号 Size
App bar	Medium	20sp
Buttons	Medium	15sp
Headline	Regular	24sp
Title	Medium	21sp
Subheading	Regular	17sp
Body 1	Regular	15sp
Body 2	Bold	15sp
Caption	Regular	13sp

Android 系统使用的英文字体为 Roboto，包括 Thin、Light、Regular、Medium、Bold、Black 6 种粗细选择，规范性英文字体、字号、字距如表 2-13 所示。

表 2-13

信息层级 Type scale	字体样式 Weight	字号 Size
Headline 1	Light	58px
Headline 2	Light	58px
Headline 3	Normal	29px
Headline 4	Normal	20px
Headline 5	Normal	14px
Headline 6	Medium	12px
Subtitle 1	Normal	10px
Subtitle 2	Medium	8px
Body 1	Normal	10px
Body 2	Normal	8px
Button	Medium	8px
Caption	Normal	7px
Overline	Normal	6px

注：以上字号换算标准基于 720px×1280px（xhdpi）、267（ppi）。

Android 系统字体也可以进行自定义设置，此处表格中所列出的主要为 Android 系统默认字体，可用于界面版式设计参考。其中，标题是界面中最大的文本，为简短、重要的文本或数字；强调性强的非常规字体用于风格表现，有助于吸引用户注意力；正文用于显示界面上的大多数文字信息，需要选择适合长时间阅读，且在小尺寸时也清晰、易被识别的字体。

（2）文字版式规范。

中文版式规范：行距控制文本块中基线之间的间距，文本的行距与字体大小成正比。字号为 12sp，行距则为 18dp，行距与字号的数值之比通常为 1.5。

英文版式规范：英文文本字号为 14sp，行距则为 20dp；字号为 20sp，行距则为 28dp；段落间距应保持在字体大小的 0.75 倍至 1.25 倍之间。例如字号为 20sp，则行距为 30dp，段落间距为 28dp。

2.2.6 设计适配

在进行 UI 设计时，Android 系统的手机通常会以 720px×1280px（xhdpi）或 1080px×1920px （xxhdpi）为基准尺寸。720px×1280px（xhdpi）可对应 iOS 的基准尺寸 750px×1334px，同属 2 倍图，分辨率偏差较小，在后期同时适配两种系统时更有效率，如图 2-35 所示；而选择 1080px×1920px（xxhdpi）的原因是在大屏幕且全面屏时代，此尺寸为现阶段市场里手机界面的主流分辨率，与大部分机型的适配度更高。

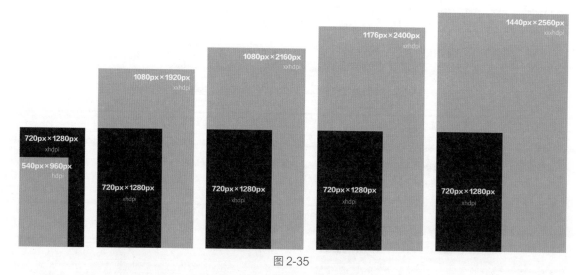

图 2-35

最后，总结一下在图标设计规范中需要注意的 3 个要点。

第一，图标轮廓内部区域属于安全区域，设计时要保证图标在安全区域内，尽量不超出色块范围，也不建议再缩减图标到外围边框的空白距离。

第二，在同一规格下，圆形与方形相比，方形在视觉上的效果更为饱满，因此在规范框架中圆形直径会大于方形的长、宽，以此来保证视觉大小的统一性，例如在应用图标设计中，同为 xxxhdpi 尺寸，正方形图标的尺寸为 152px×152px，而圆形图标的直径为 176px。

第三，Android 系统的图标的圆角半径值通常介于 0~8px，0px 为直角转折。

第 3 章
App 界面设计

图标设计是 UI 设计的重要组成部分，主要为界面设计提供视觉元素，而整套 App 的界面设计则能体现一个设计师的专业素养和综合能力。本章将为读者介绍各类常见界面的视觉设计和制作思路，因此需要先了解一些界面设计的基本知识。

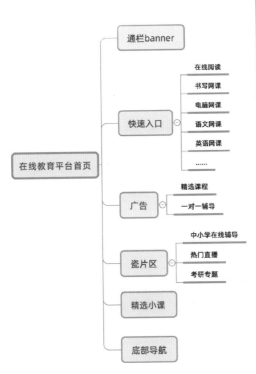

3.1 格式塔原理在界面设计中的应用

界面设计中格式塔原理无处不在，它是在 20 世纪早期由德国心理学家组成的研究小组专门研究人类视觉工作原理而得出的理论。界面设计中常用到的原理有：接近法则、相似性原理。

3.1.1 接近法则

接近法则在设计中最为常见，它指物体之间的相对距离会影响我们感知它们是否及如何组织在一起的结果。对于图形中互相接近或某些距离较近的部分，我们的视觉容易把它们感知为一个整体。图 3-1 所示为手机端某金融 App 首页金刚区图标，对于这幅图我们不难判断每个图标所对应的名称是其下方的文字内容，因为每个图标与其下方的文字距离更接近，而与其左、右及下方图标的间距较大。这便是接近法则的常见应用，目的在于让界面设计更符合分类逻辑，使用户更容易查看和理解界面内容。

图 3-2 所示为某手机微信用户发布的朋友圈，查看其过往发布的朋友圈内容我们可以观察到，同一天发布的多条朋友圈内容彼此之间的行间距较小，而不同日期发布的朋友圈内容彼此之间的行间距较大。这种排列方式就有效地运用了接近法则帮助用户快速区分朋友圈内容的时间线。

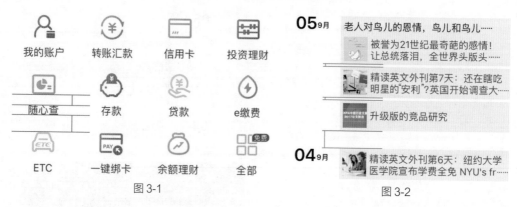

图 3-1   图 3-2

3.1.2 相似性原理

相似性原理——在其他因素相同时，相似的物体看起来归属于一组。图 3-3 所示为某 App 首页的宫格区图标，可以看到所有图标都运用线性和色块相结合的形式制作，并且保证了图标色块的统一，线的粗细一致。虽然每个图标形态不同，但用户却能快速感知这个区域传递的信息及其整体性，这套图标很好地使用了相似性原理为用户提供方便。

图 3-3

以上的两个例子充分说明了格式塔原理在界面设计中的应用，它通常是结合控件或组件来使用的，目的就是让用户在界面纷繁的信息中，能够清楚地区分不同模块，提升点击效率。

3.2 控件

　　控件主要指能够操控界面的一些元素，是用户与界面互动的媒介，用户通过触发控件下达指令实现目标，最常见和便于理解的控件就是"按钮"。

　　iOS 和 Android 系统有官方提供的控件库供使用，读者可在其官网上进行下载，控件文件可以直接使用。控件的种类有很多，一些常见的基础型控件如下。

　　按钮。按钮是用户最熟悉的控件之一，人们从使用计算机开始，就已经在通过不同的按钮下达操作命令了，例如登录界面上的"登录"按钮，如图 3-4 所示。

图 3-4

　　滑块。滑块一般用于调节屏幕亮度、声音大小、视频和音乐时长的位置，如图 3-5 所示。

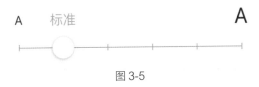

图 3-5

　　输入框。输入框是用户在界面中输入文字的地方。例如输入搜索内容、账号、密码等的文本框。

　　开关。开关通常出现在设置页面，用于操控某个功能的开启或关闭。如微信的"设置"→"通用"里的听筒模式的开启和关闭，如图 3-6 所示。

图 3-6

步进器。步进器由一个增加按钮、一个减少按钮，以及一个由按钮控制的数值构成，起到增、减数值的作用。如淘宝 App 中将商品添加进购物车时对选购数量的调整，如图 3-7 所示。

女童洋气套装2020新款韩版长
西瓜红;130码建议身高
¥49.8
1
+

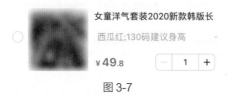

图 3-7

页面指示器。页面指示器是附着在滚动模块底部，用来表示可滑动切换的页面数量和指示当前停留页面的一组小点，如图 3-8 所示。页面指示器通常用到 banner 切换、引导页切换等地方。

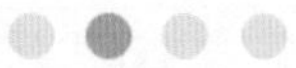

图 3-8

分页控件。分页控件主要用来控制不同分类内容的切换，当分类太多时，还可左、右滑动查看分类。例如淘宝 App 中商品的分类，如图 3-9 所示。

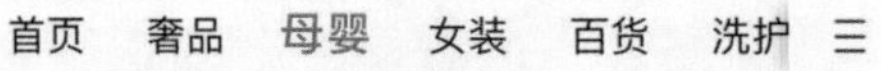
首页
奢品
母婴
女装
百货
洗护

图 3-9

列表控件。列表控件的应用非常广泛，例如很多 App 的设置列表、QQ 好友列表、个人中心列表等，用户可以点击列表控件跳转到对应页面，有时也可通过左、右滑动列表控件进行删除操作。图 3-10 所示为支付宝“我的”页面，用户可以点击列表控件进行跳转。

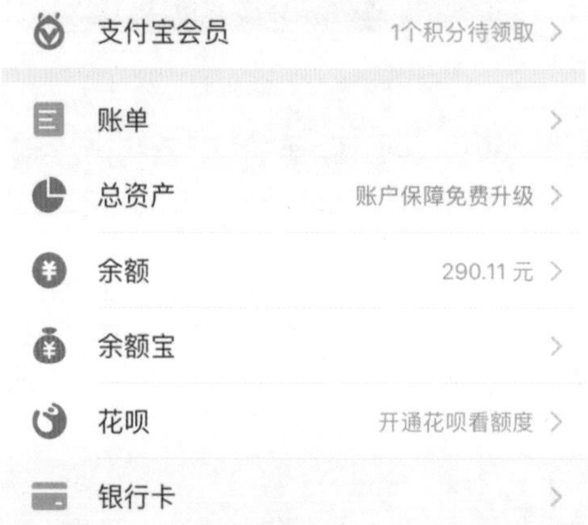
支付宝会员
1个积分待领取
账单
总资产
账户保障免费升级
余额
290.11 元
余额宝
花呗
开通花呗看额度
银行卡

图 3-10

提示框。提示框控件叫作“toast”，也称作吐司提示，属于轻量级的提示。它出现后会自动隐退，所以它的出现不影响用户的当前操作。例如在淘宝详情页中点击“收藏”图标后，界面中会弹出“收藏成功”的提示，并且该提示会很快消失，如图 3-11 所示。

收藏成功
有好货·推荐大赏
大赏
进店逛逛
已收藏
加入购物车
立即购买

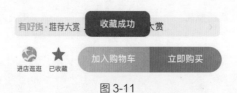

图 3-11

控件是界面中触发人机交互的入口，视觉效果上应做到表意明确且易辨识，其不同的显示状态对用户有不同的提示作用。如按钮有默认状态、触发状态、不可点击状态、成功提示，如图 3-12 所示。又如开关有开启模式和关闭模式，可以用颜色进行区分，以使用户在操作过程中清楚当前控件的状态。

图 3-12

3.3 组件

App 界面通常由图片、文字、图标或一些几何图形构成，它们也可以构成界面中的控件和组件。相较于控件，组件更为复杂，范围更大，是一个集合。组件是由图片、文字及控件构成的包含功能、信息、业务等内容的模块。组件模块的种类多但并不固定，不同功能的界面组件信息模块呈现的效果也各不相同。

若要提高 App 界面设计的工作效率，组件的规划很重要，在众多不同形式的组件里，我们为读者简单介绍如下几款常见的组件。

快速入口，即"快速通道"。有的 App 提供的服务特别多，用户可以通过图标与文字组成的组件模块快速转到自己想去的页面，如图 3-13 所示。

图 3-13

横向滚动列表。由于手机屏幕高度有限，如果界面信息过多且都采用纵向形式展示的话，界面会显得单调，版式空间利用不足，所以某些模块可以采用横向滚动列表的方式展示，引导用户通过左、右滑动模块浏览更多信息，如图 3-14 所示。

▌热门餐厅

简.舍私厨餐厅　　人均108元　　南山艾丽咖啡厅　　人均88元　　私人自助

图 3-14

轮播图。轮播图在网页和移动端 App 中十分常见，通常由图片和页面指示器组合构成，如图 3-15 所示。

117

图 3-15

动态卡片。动态卡片组件在微博、微信朋友圈、QQ 空间里比较常见，主要用于展示用户发布的信息，如图 3-16 所示。

图 3-16

瓷片区。瓷片区也是一种快速入口，它在电商 App 中特别常见，例如平台会向用户推荐常逛的商品，在首页区域展示其快速入口，以增加用户点击和购买的可能性。移动端淘宝 App 首页的瓷片区组件由大标题、口号、商品图片、标签构成，如图 3-17 所示，合理的信息规划能成功地吸引消费者。

弹窗提示。弹窗提示是重量级的提示，通常会覆盖在正在浏览的界面上强制用户查看，用户需手动操作才能关掉提示，如图 3-18 所示。

图 3-17

图 3-18

界面设计中的重要的控件和组件已介绍完毕，接下来在不同界面的设计解析中，若遇到不同功能的组件，我们再做具体分析。

3.4 闪屏页和启动页

闪屏页。闪屏页在 iOS 标准中常被称作 Launch Screen，是指用户进入应用程序时立刻出现的页面，它会被首页替换，是应用程序打开前的有效过渡页面。

启动页。启动页是为强化品牌形象、提升用户好感度而添加的页面。如今，启动页的展示形式越来越丰富，有静态图片、动态图片，根据应用程序类型的不同，还会有更特别的展示，例如抖音的短视频启动页。

闪屏页和启动页是让用户对应用程序快速建立信任的途径之一，设计师通常会重视这两个页面的设计。

3.4.1 闪屏页和启动页的特征

启动页的特征。启动页的显示时间通常在 3 秒左右，且大多包括"跳过"按钮。其内容通常包括了产品简介、近期活动、广告语等。在启动页显示过程中，应用程序在后台可以完成权限检查、版本更新、登录检查等操作。启动页的出现弱化了用户的"等待"意识，有效分解了等待时长。

闪屏页的特征。闪屏页与启动页相似，主要用于宣传品牌与产品，可以单独出现，也可以与启动页先后显示。例如知乎 App 就是在显示启动页后接着显示闪屏页，如图 3-19 所示，这是现今比较流行的形式。

图 3-19

3.4.2 闪屏页分类

闪屏页大致可分为节日问候、广告运营、热点传播、品牌传达 4 类。

（1）节日问候闪屏。

每逢节假日，各大 App 都会推出一些与节日相关的画面作为闪屏，给用户送去节日祝福，在节日期间给予用户及时的问候，提高品牌的亲和力，增强用户与品牌的黏性，还可以蹭上节日的热点，在设计形式上也可以比广告运营闪屏更具自由度与创新性。

（2）广告运营闪屏。

广告运营闪屏即利用闪屏的形式进行广告宣传，引导流量变现。而由于用户对广告自带排斥的心理，因此在闪屏广告时更加需要跳出传统模式，在视觉上尽量创新，吸引用户。当然，商家不能强迫用户观看广告，糟糕的体验感会导致用户流失，因此为保持盈利与体验感的良好平衡，设计"跳过"与"倒计时"按钮是非常必要的。此外，根据 App 品牌不同，部分闪屏广告在版式上是有固定模板的，例如 Logo 与 Slogan，以及"跳过"按钮的位置固定，由此保证统一、规范的交互体验，如图 3-20 所示。

图 3-20

（3）热点传播闪屏。

热点传播闪屏通常在商业活动开展过程中起到宣传推广的作用，它的功能与广告运营闪屏类似。例如在"双十一""双十二"等热点活动期间，大多 App 的闪屏都会显示天猫、京东等的电商广告，"双十一"活动的闪屏广告如图 3-21 所示，这类闪屏的画面氛围通常比较热闹，以激起用户的购物欲。此外，通过点击热点传播闪屏，能够快速切换到对应的电商购物链接页面，这是各个电商之间的捆绑推广模式。

图 3-21

（4）品牌传达闪屏。

前文提到闪屏页的主要作用是对等待时间进行过渡处理，让用户忽略点击进入与显示首页之间的时间差。当然，除了过渡的作用，闪屏也经常被用于品牌宣传，如图 3-22 所示，页面中主要包括 Logo 和 Slogan。根据品牌定位，有的闪屏页保持简洁的设计，不做多余装饰；有的会加入主题插画，渲染氛围。这类闪屏页可以传递品牌的视觉形象与品牌理念，让用户更加直观地了解品牌，引起用户共鸣，强化用户对品牌的记忆。

图 3-22

3.4.3 闪屏页和启动页的功能与适配度

（1）闪屏页和启动页的功能。

流畅过渡。 在没有闪屏页的情况下，用户可能会在 App 启动时产生明显的"等待"感，闪屏页的存在可以有效消除这种"等待"感，使点击进入到首页加载成功的过程流畅过渡。

品牌传递。 运用闪屏页传递品牌理念、情怀，增强品牌与用户之间的联结，或以故事为主题引发用户的情感共鸣。

宣传推广。 充分利用闪屏页和启动页，并控制好其显示时间，带给用户良好的品牌印象。

（2）闪屏页和启动页的适配度。

提高闪屏页和启动页中图片的适配度主要有以下两种方式。

第一，制作常见手机屏幕尺寸的图片。这基本可以满足大部分场景。

第二，使用大尺寸图片。但这种方式不能确保所有手机界面的显示效果，根据不同的应用标准，还需对图片进行裁剪或缩放，以适配更多的 App 界面。

闪屏页也经常以插画为主要内容，如图 3-23 所示。插画相比其他视觉形式会显得更加亲切温暖，画面中通常有较多细节设计，可以让观看时间显得短暂而有趣。闪屏页插画在风格上多使用扁平化风格、渐变风格等。

学习通首页

图 3-23

3.5 引导页

引导页（Onboarding page/Onboarding）可理解为引导新用户了解界面的使用流程，帮助新用户快速了解新软件一系列功能的介绍与初体验的交互设计，因此通常出现于第一次打开 App 时。

一款应用程序也许其内部界面体验令人感到愉悦且实用，但用户如果不进入程序，未能深入了解与尝试使用这款软件，便不会知道它是否实用和必要。因此优秀的引导页能与用户建立良好的情感联系，并提高 App 的使用率。成功的 App 产品专案不仅是要做出有用、可用，以及符合用户需求的产品，还必须将此项体验行销给目标人群，吸引他们使用产品并以此传达界面的功能与内容信息。

3.5.1 引导页分类

（1）功能介绍类引导页。

功能介绍类引导页通常在新产品发布及新功能上线时使用，主要针对新功能进行演示介绍，让用户快速了解其具体使用方法。采用的形式大多是在界面上插入文字、箭头等元素，运用图形符号化的图标提炼特色功能，使用户更容易识别和理解。

（2）推广介绍类引导页。

推广介绍类引导页通常会在新产品发布时使用，旨在让用户迅速了解新产品，通过趣味性、个性化的设计吸引用户关注，激发其购买欲望。引导页的内容设计应避免繁杂，功能不宜过多，以界面清晰简洁为主。

（3）解决问题类引导页。

与功能介绍类引导页相似，解决问题类引导页通常会在新功能上线时使用。这类引导页对功能介绍起辅助作用，旨在帮助用户解决在使用 App 的过程中遇到的各种问题，通常会直接列举常见问题，也可提供人工客服的联系方式，为 App 用户提供完整的使用帮助。

3.5.2 引导页的功能与特征

（1）引导页的功能。

欢迎用户。引导页是迎接用户的第一界面，需要给用户留下良好的第一印象。优秀的引导页通常会以自然亲切的形式开启产品与用户之间的沟通和交流。

介绍产品。快速明了地让用户知晓产品的功能。

吸引用户。使用户对产品产生好感，吸引并促使用户继续了解和使用产品。

（2）引导页的特征。

引导页通常只会在用户第一次点击进入应用程序时出现，之后便不再显示；引导页的设计不宜复杂，页数也不宜太多，一般 3~5 页即可；引导页重点关注用户需求，抓住用户兴趣点，精准介绍产品功能，吸引并留住用户；引导页可以利用动态画面，有效提高引导页的趣味性，提高用户参与度。

图 3-24 所示是潮牌资讯 App 引导页与启动页的设计，潮牌资讯 App 主要包括评测资讯、旅拍攻略、同步更新、社区互动四大功能，在引导页设计中通过情感化插画对 App 几大核心板块内容进行展示，并且通过归纳整理，将潮拍聚集、装备攻略、旅拍社区这三大亮点精简地概述给用户。在这一案例中，引导页的视觉设计，特别是插画风格和图形化的设计，可以有效提升 App 的整体趣味性，提升用户好感度，加深用户对品牌的印象，让使用说明不再是单一的文字说明书，而是活泼有趣、简单易懂、一目了然的图形，能在启动页缓冲等待时抓住用户眼球。

图 3-24

3.6 空白页 / 出错页

当空白页 / 出错页出现时，即提示用户 App 当前的状态，因此该页面的设计可以从以下几点入手。

（1）明确页面状态。

当初次使用一款 App 时，许多数据还未添加或设置。图 3-25 所示的正在现场 App 的空白页除了单一的文字外，还增加了有趣的、与题目有关联性的图形，以对话形式进行操作提示，增加亲切感。

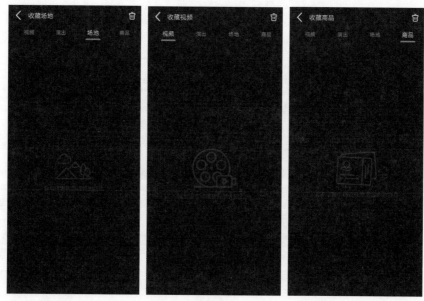

图 3-25

（2）激励用户提交内容。

使用充满情感的文字和有趣的图形，激发用户提交内容的积极性。例如微信的空白页为配合整体视觉风格，只使用了文字，相对单一，如图 3-26 所示。而住小帮 App 的空白页使用了扁平化插画场景展现页面内容，富有吸引力，如图 3-27 所示。

图 3-26   图 3-27

（3）精简操作指引。

在空白页加入明确的操作指引按钮，清晰地指引下一步操作，如图 3-28 所示。

图 3-29 所示是潮牌资讯 App 的空白页 / 出错页设计。潮牌资讯是与潮牌、潮拍相关联的产品，其 App 界面应该为时尚的、新潮的，因此它的这套界面设计使用了渐变色与几何图形，整体版式风格简约现代，图标元素与主题相关。此类页面的存在可使当前页面的缺失状态一目了然，明确错误点并及时提醒用户，节省用户寻找错误的时间，可以即时刷新或者切换页面。

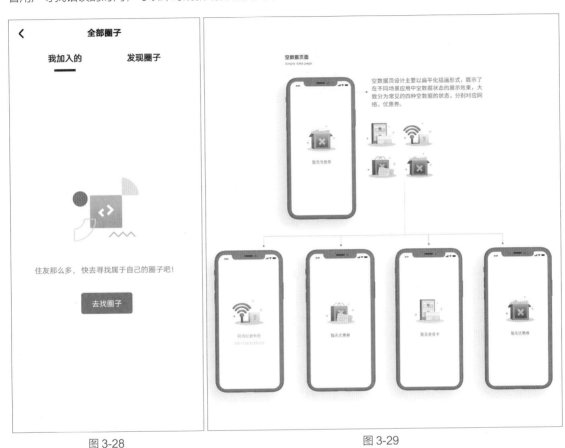

图 3-28　　　　　　　　　　　　　　　　　　　　　图 3-29

3.7 首页

首页是第一交互界面，主要体现产品属性、展示主要功能、传达品牌形象，是一款产品的门面。首页不仅能提高用户对产品品牌的认知，还能帮助用户快速了解产品的主要内容。

3.7.1 首页的功能与特征

优秀的 App 首页设计能让用户快速了解产品的核心功能和特色。

电商类 App 首页主要帮助用户快速找到想要购买的商品，提高用户的转化率与留存率。首页界面包括不同商品分类导航、帮助用户查找商品的搜索框、商品 banner 广告、分类模块快速入口、商品的罗列和底部导航等，由符合品牌调性的控件和组件构成。例如，我们熟悉的淘宝 App 首页界面底部导航栏组件的内容由"淘""微淘""消息""购物车""我的淘宝"构成，特别是"购物车"图标直观地体现了商品的功能，如图 3-30 所示。

图 3-30

运动健身类 App 的主要功能是有效帮助用户达到健身的目的。其首页通常会有健身课程搜索框、推荐课程模块、分类模块快速入口、好友动态卡片等内容。健身类是一个很大的概念，由于不同 App 首页界面的实际内容必须为核心功能服务，所以视觉效果可能完全不同。

社交类 App 主要起到通信联络的作用。其首页界面往往是用户通信列表的展示，方便用户快速地自上而下地进行浏览和操作。虽然列表的布局简单，但在组件设计中同样需要注意对信息的归纳。在图 3-31 所示的首页中，排在列表顶部的是最新消息，符合用户使用的心智模型。

图 3-31

市面上有多种类型的 App，因其核心功能不同，所以对应首页也呈现出不同的视觉界面效果。

3.7.2 首页设计案例解析

以一款教育类 App 首页设计为例，为读者展示首页设计的构思和制作过程。所设计的首页对应的是一款综合在线学习软件，主要提供课程发布和在线学习服务，用户多为 18~35 岁的人群。首页囊括的信息众多，主要包括各种课程推荐，方便用户查找课程。经规划整理，将首页内容归纳为：搜索、通栏 banner、快速入口、广告、瓷片区、精选小课、底部导航等，如图 3-32 所示。产品的品牌标准色为蓝色，页面整体色调为蓝色及其邻近色系。

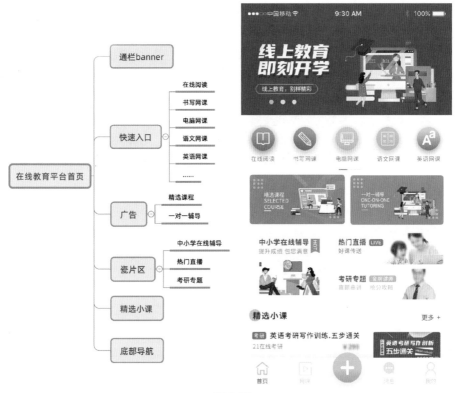

图 3-32

底部导航设计如图 3-33 所示，由 5 部分组成，中间的导航按钮是为方便用户上传课程而设计的快速通道，需吸引用户的注意力，因此在视觉效果上进行了强化处理，运用了品牌渐变色，并放大了该按钮形状，其图标类似船上的舵，因此也被称为"舵式导航"。为避免版面拥挤，底部导航图标的数量一般不超过 5 个。

图 3-33

通常，手机用户的阅读习惯是从上往下滑动阅读，因此对于界面来说，重要的内容一般置于屏幕上方，能更有效地引导用户进行点击。搜索栏下方的通栏 banner 是界面中的重要部分，banner 即广告，它的作用也是吸引用户并提高点击率。

banner 通常由 4 部分组成：文字层、主体物层、装饰层、背景层。设计师可根据实际需要选择设计。图 3-34 所示的 banner 简洁明了地强调了产品功能。文案为"线上教育 即刻开学""线上教育，别样精彩"。制作一张内容为在线教育的扁平化插画作为 banner 主要图案，版式采用左右结构，左边为文案，右边为插画。将两句文案字体的体量做出区分，为大体量文案加上投影，小体量文案加上圆角矩形边框进行装饰，使文字大小、粗细形成明显对比，突出要点。纯色背景的选用可以在视觉上让画面更加简洁，符合主流审美。

图 3-34

　　界面中的快速入口区域也是非常重要的区域，在首页的上半部，它可以让用户快速地去到想去的分类页面。此案例中的快速入口使用了色彩明度、纯度相同的图标和左右滑动控件。若入口较多，则可以考虑以左右滑动的方式进行展示。本案例中的快速入口的图标设计运用了目前应用较多的"弥散"投影效果，如图 3-35所示。

图 3-35

　　快速入口下方的广告作为课程多促销推广内容，其设计原则和顶部通栏 banner 的一样。广告下方为瓷片区，这个区域的用户针对性较强、转化率较高，设计师通常会对这部分内容进行分类，用组件化思维设计。此案例的瓷片区分为"中小学在线辅导""热门直播""考研专题"3 个部分，设计时既要做到视觉上统一，又要对这 3 个部分做出区分。所以组件信息内容都有大标题、广告语、图标和图片，并且排版方式完全统一，同组中的图标和广告语颜色均保持统一，"中小学在线辅导"的图标和广告语是粉紫色，"热门直播"的图标和广告语是深粉色、"考研专题"的图标和广告语是橘粉色，如图 3-36 所示。

图 3-36

　　"精选小课"采用卡片组件进行展示，用户可以通过向上滑动页面浏览更多的课程卡片。此案例中卡片采用左右结构，每张卡片包含图标、标题文字、课程机构名称、价格、课程图片和在线学习人数信息，如图 3-37

所示。通过归类，我们把图标、标题文字、课程机构名称、价格置于左侧，课程图片和在线学习人数置于右侧。标题作为首要的提示信息，使用的字号、字重较大，颜色也较深；价格作为用户普遍关注的信息，也用红色来凸显，使内容在视觉上主次分明。"精选小课"栏目下的所有课程在首页上展示时都按照这个模式排版，这样能够建立起清晰的类别辨识度。

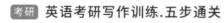

图 3-37

以上就是在线教育 App 产品首页的设计解析，设计师根据产品功能和目标进行信息整理，可以把庞杂的内容梳理清楚，做好界面版式设计。

3.8 个人中心页

个人中心页是用户的账号信息、设置管理、福利信息等功能的聚集地，流量仅次于首页，主要用于对个人信息的管理。设计师要考虑的核心问题是如何提升本页的使用"效率"，因此需要做到交互逻辑严谨、信息布局合理，尽可能减少视觉干扰。常规的页面用户信息一般包含头像、账号、昵称等，但不同行业和不同受众的 App 产品，其个人中心页的内容安排则各具特色。例如常见的电商类 App，除了基本信息列表，还要体现用户的订单记录。电商类 App 注重用户的留存率和转化率，页面中常用 banner 图片进行相关商品推广，包括点击领取优惠券等方式。健身类 App 的个人中心页除基本信息、设置功能外，主要展示用户的运动情况、健康数据等，辅助用户持之以恒地实现锻炼目标。优惠券、广告的植入也可以提升用户的转化率和留存率，如图 3-38 所示。

电商类App个人中心页　　　健身类App个人中心页

图 3-38

不同 App 的个人中心页的视觉设计风格受到品牌形象和信息内容的影响，而高效、简洁、有特色是个人中心页设计的三大要点，可以通过合理地使用组件化思维来实现这些要点。

我们以一款理财类 App 的个人中心页为例进行设计解析，其信息结构图和视觉设计效果如图 3-39 所示。理财类 App 的主要功能是帮助用户管理资金，因此个人中心页中用户的总资产是首要信息，其次为资金情况展示。从页面信息结构图中我们看到页面上众多的信息可归纳为两大板块：用户基本信息和我的资金情况。

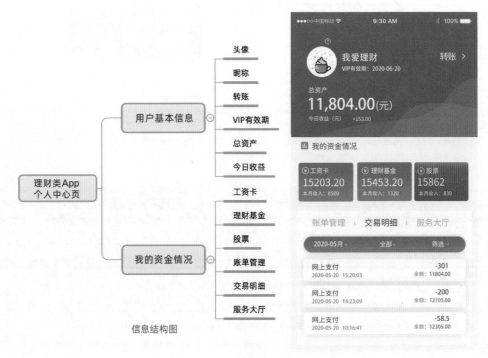

图 3-39

为使用户能更方便地查阅信息，将"用户基本信息"板块制作成"用户信息卡片"组件，如图 3-40 所示，包含头像、昵称、转账、VIP 有效期、总资产和今日收益，并将头像、昵称和 VIP 有效期放到一起。"转账"属于常用功能，因此基于用户的手机操作习惯将其置于右侧，便于点击进入下一个页面进行操作。总资产和今日收益是重要信息，因此同时置于用户头像下方，其中总资产优先级更高，故其字体体量更大。背景选用品牌标准色蓝色，给人以沉稳的安全感。

图 3-40

"我的资金情况"板块信息更丰富。一部分是横向滚动的列表组件，用户可以左右滑动列表进行查看，其中包含多个小组件，分别展示工资卡、理财基金、股票等的资金情况，每一个组件上都强调了金额数据，并加大了字号。"股票"组件底色为提示性较强的红色，表示当前为选中状态，如图 3-41 所示。

另一部分使用了分页控件规划信息，用户可通过控件提示查看对应内容。例如"交易明细"分页下包含了按时间顺序排列的消费明细，如图 3-42 所示。每一单明细都为一个组件，包含了交易方式、时间、金额、余额信息。将交易方式和时间左对齐，交易明细和余额右对齐，用户能清晰地查阅收支情况。通常用户对余额的关注度较高，因此将余额标注为红色。

图 3-41　　　　　　　　　　　　　　图 3-42

通过以上对理财 App 个人中心页界面设计的解析，我们不难发现理财类 App 最大的特点是数据较多，其界面设计的要点在于能使用户清晰地辨识数据，可以通过组件化分类、对比等方法，对重要信息进行分类整理。因此在开始设计之前，要先厘清界面中的信息结构，明确各个模块和信息的优先等级，强调优先级更高的信息，使用户能在合理的视觉引导下高效地使用 App。

3.9 详情页

详情页即介绍事物详细情况的页面。例如常用的电商 App 的详情页主要展示产品的详细情况，用户通过详情页了解产品的信息和特点，考虑是否购买对应产品。详情页通常具备四大展示目的：一是让用户了解产品的特点及优势；二是获取用户对产品的信任；三是让用户认识到产品的重要性；四是激发用户消费欲，促进实现购买转化。

3.9.1 详情页内容设置

详情页的内容十分丰富，通常包含产品海报、产品概况、产品实拍图、工艺细节、功能功效、风险承诺等，如图 3-43 所示。详情页的内容设置需要根据产品进行具体分析，主次分明地展示介绍产品，以达到最好的运营效果。详情页中常见的内容如下。

产品海报：通常放在详情页的开始部分，因此产品的首屏海报设计需具备鲜明的亮点。

场景图：把产品融入特定的环境中进行展示，营造良好的使用氛围，增强代入感。

细节展示图：包括产品的材质、功能等的展示，可以用特写的方式展示细节。

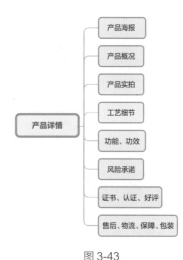

图 3-43

卖点图：是产品优势的展现，能突出产品的特点，提升用户的购买欲望。

产品规格：可以提供数据参考，让用户更了解产品形态。

售后保障：一般包含邮费、发货、退换货等服务。这部分的展示内容如无理由退换货、运费险等，为用户提供安心购买的支持服务。

3.9.2 详情页设计案例解析

本案例是某品牌坚果类零食开心果的详情页设计，具体设计如图 3-44 所示。

图 3-44

甲方要求在详情页的界面设计中展示产品原汁原味的特点，希望页面风格简约明朗，体现舒适的品质感。因此，该详情页的设计方案以展示产品的实物图片为主，突出品质感，以激发用户的购买欲望。产品详情页并不是将产品的一切信息详尽展示即可，在设计时通常会先分析产品性能及用户需求，所以此案例中将页面设计分为四大板块，即首屏海报、场景图、卖点图、产品信息，目的是让用户通过浏览详情页，能高效地做出购买决策。我们可以用思维导图记录以上设计要点，方便厘清思路，如图 3-45 所示。

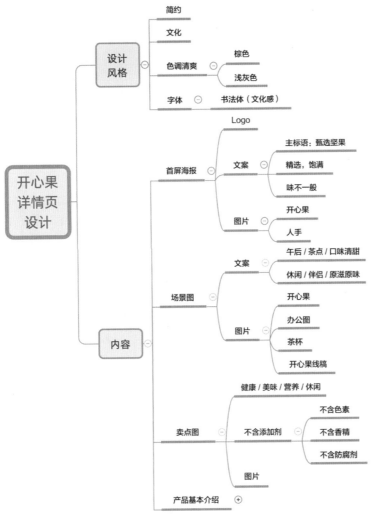

图 3-45

首先，我们从首屏海报设计入手，它出现在详情页的起始位置，又被称为"头图"。在详情页头图设计中，可以选择一张最具产品特质的图片以表现其最优展示面。本案例选择了竹制小食盘盛满开心果的图片，以手轻轻拿取食物的动作，示意将要细细品味美食的精致感，背景中搭配几片小绿叶，增添食材的自然感、新鲜感。头图的文案置于页面右上角以平衡构图，文字排版形成块面，集中用户视线。文案的字号大小形成对比，以突出标题"甄选坚果"，在边框和"甄选坚果"上添加斑驳的装饰效果，体现质朴的韵味。文案"精选，饱满"点出了食材的优质之处，其左侧的小号竖排英文增加了文字细节，强化了精致感，品牌 Logo 置于页面右下角形成构图点缀，如图 3-46 所示。此处需注意，首屏海报的高度不宜超过设备一屏的高度，我们的目标是在第一屏完整呈现产品及相关重要信息，吸引用户滑动屏幕继续浏览。

图 3-46

其次是场景图的设计。开心果是休闲食品，可与茶搭配作为茶点，因此将开心果与茶杯置于同一场景中，体现午后食用茶点，在休闲时吃坚果的场景。文案着重体现开心果是饮茶时茶点的好选择，文字块面需注意顶对齐，同时要注重配色，突出"口味清甜""原汁原味"二词。文案内容分别置于两幅场景图的左、右侧，形成对角呼应，如图 3-47 所示。

图 3-47

在场景图下方展示卖点图，突显产品的特点和功能，如图 3-48 所示。在卖点图顶部区域，以标题区分内容，将产品的卖点关键词作为标题模块。在卖点图中沿用斑驳的棕色色块搭配食品品质"粒粒清甜""果仁饱满""自然绿色"的文案，配以圆形图片和相关的线描图，烘托轻松愉悦的氛围。卖点图的下半部分主要以文字呈现，展示开心果不含添加剂，并稳定页面视觉重心。

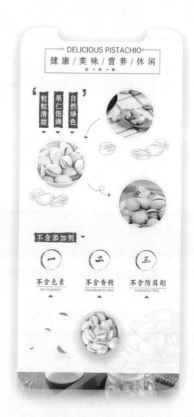

图 3-48

最后制作产品基本介绍部分，这也是用户购买产品时较为关心的内容，通常包含：品牌名、配料、保质期、储藏条件、重量等。该部分的标题依然沿用卖点图标题形式，使整个页面结构统一，如图 3-49 所示。

优秀的产品详情页总能第一时间吸引用户并使其产生购买欲。因此详情页的设计不能仅停留在界面美观上，更需要注重设计的底层逻辑，思考页面的功能目标。

图 3-49

3.10 登录页

登录页是连接用户与产品的重要通道。通常，我们在初次打开一款 App 时，都会出现用户登录页，并且有的 App 在未登录状态下进入也会直接跳到登录页。对用户而言，成功登录即获得了"身份证"，同样 App 也能在用户登录后记录用户在该账号下的操作行为。因此，对 App 方而言，用户登录后他们可以收集到更多的用户使用数据，以便于准确分析用户行为，实现商业目标。

3.10.1 登录页设置

登录页通常包含但不限于以下内容：账户、密码、登录、注册、忘记密码、第三方平台登录和协议政策等内容。这些内容有其对应的控件，例如账户和密码使用的就是表单控件，允许用户输入文字；而登录和注册所使用的为按钮控件。

3.10.2 登录页设计案例解析

登录页的设计通常简洁明确，不同类 App 的目标不同，其登录页的设计思路也不相同。我们先以教育类 App CCtalk 的登录页为例进行解析。首先，登录页中出现了产品的 Logo 和 Slogan，进一步强化了品牌形象。其次，该产品的品牌色为蓝色，因此界面中的按钮和文字都使用了蓝色。界面中提供了 4 种登录方式，按从上到下的顺序，第一种是"微信登录"，第二种是"手机号登录"，第三种是"账号密码登录"，第四种是"其他登录方式"。从位置关系及对图标体量的区分我们能够识别到"微信登录"的优先级最高，该按钮的颜色最为醒目；"手机号登录"的优先级次之，使用了淡蓝色。因为目前微信 App 的用户群人数众多，所以用它授权登录对于大部分用户而言更方便。"其他登录方式"使用了分割线隔开，最后一排为用户协议与隐私政策，如图 3-50 所示。

健身类 App 产品 Keep 的登录页的界面背景利用健身视频营造动感，使用户产生积极的代入感，如图 3-51 所示。其界面信息归纳为：登录、用户协议和隐私政策。App 设定的以手机号登录的方式对大部分用户更适用，所以将"手机号登录 / 注册"标题设置在重点位置，标题下方配有文字提示。"获取验证码"的按钮使用了 Keep 的品牌色，比输入手机号码的底色框更抢眼，提醒用户获取验证码的必要性。"密码登录"是另一种登录选择，位于界面右上方，其颜色表现及体量相对较弱，因为使用这种登录方式的用户较少。界面下端的"其他登录方式"与"手机号登录 / 注册"之间留有较宽的距离，在视觉上做出明确区分。最后一排依旧是页面中必要但非主要的用户协议和隐私政策。

图 3-50

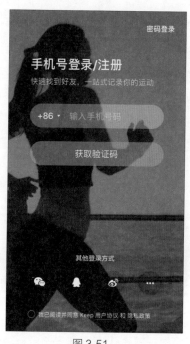

图 3-51

上面两个 App 界面设计案例中的按钮都使用了圆角矩形，圆角正好是半圆形态，符合当下主流图标设计趋势，小图标也均为圆形，界面和谐统一。如果在同一款 App 界面里，按钮使用不同圆角半径的圆角矩形，尤其是在同一页面中，两个按钮是并列关系，但圆角半径却设置为不同值，则会破坏界面的整体感和图标的一致性，这也是初学者需要注意的问题，如图 3-52 所示。

图 3-52

3.11 沉浸式页面

沉浸式页面的整体界面一般为规范的轻量化风格，无视觉干扰元素存在，主要突出信息内容。此类页面设计在全面屏手机出现后开始流行，注重用户的使用感与浏览体验。本节主要为读者讲解沉浸式页面中常见的图形、图表设计，也称数据可视化设计。

3.11.1 页面配色

（1）纯色。

图形、图表类沉浸式页面的配色基本以彩色为主，彩色通常分为纯色、渐变色两类。ONcoach 100 是一个日常运动跟踪 App，它的目标是让用户拥有积极健康的生活方式，界面以图形、图表数据展示为主，使用纯色块面填充，整体风格简洁明了，如图 3-53 所示。

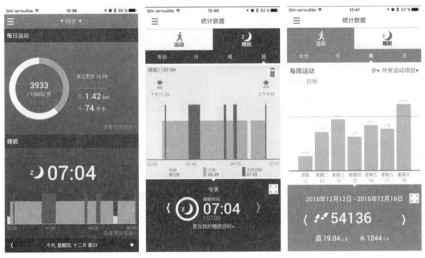

图 3-53

（2）渐变色。

渐变色在现阶段的界面设计中较为常用，大面积渐变色的应用会让整体页面显得轻盈灵动，如图 3-54 所示，Fresh Air App 在界面设计上区别于传统的天气 App，随着时间和温度的变化，它的背景渐变色也会变化。

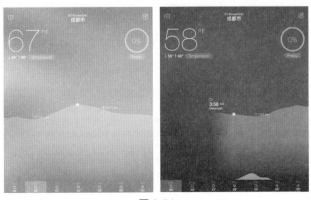

图 3-54

当然，根据品牌定位不同，色彩、色系的选用也会有所不同，例如商务类 App 通常采用蓝色系，运动类 App 的定位是热情活力，多选用色彩自由度更高、更鲜艳的红色、黄色、橘色等。

3.11.2 沉浸式页面赏析

图 3-55 所示是 Pillow 自动睡眠追踪 App 的界面，通过闹钟和智能手表记录数据、分析睡眠周期，使用户获得精准的睡眠监测数据。由于与睡眠相关，Pillow 整体的界面设计以渐变的深紫色系为主，模拟夜晚场景，其图形、图表、文字均以白色、浅色为主，并运用图表清晰地标注出睡眠周期变化，可视化程度较高。

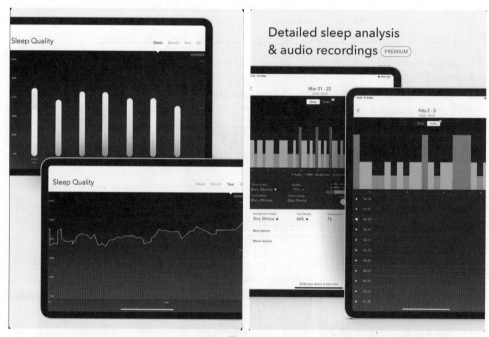

图 3-55

第 4 章
页面标注与切图

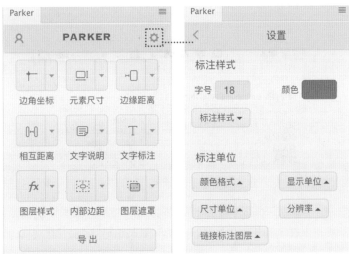

4.1 常用标注工具介绍

App 界面设计定稿以后，设计师还需要与前端工程师接洽，标注界面设计稿中的图形元素参数并切图输出给前端工程师，前端工程师通过代码进行视觉还原，实现界面效果。因此 UI 设计师需要向前端工程师提供界面视觉元素的相关参数，如按钮、图标、banner 等的尺寸数据，文字的字体、字号，配色的色值参数等，如图 4-1 所示，这些标注的数据可以帮助前端工程师精确还原界面视觉效果。

图 4-1

常用的标注工具有 Parker、PixCook、蓝湖等，初学者也可以在设计软件中手动绘制标注。Parker 是一款小插件，可以安装到 Photoshop 里协助我们完成设计稿的标注，它能够自动计算尺寸、距离、文字大小、阴影等信息，并按照需要进行标注，极大地节省了绘制标注的时间，提升了设计效率。

4.2 Parker 使用说明

在 Photoshop 里安装好 Parker 后，可以在顶部"窗口"菜单的"扩展功能"子菜单中找到它，如图 4-2 所示。

图 4-2

选择"Parker"后，"图层"面板中就会出现"Parker"面板，如图 4-3 所示，单击左侧图所示红色虚线框中的"齿轮" ⚙ 进入右侧图所示的"设置"面板，在其中可以设置"标注样式""标注单位"等。

图 4-3

"Parker"面板中有 9 个标注选项，用法简单、上手快，以下为操作示范。

边角坐标：标注元素的坐标位置。选中需要标注的图形，假设为某圆角矩形，单击"边角坐标"右侧的下拉按钮 ▾ 展开下拉菜单，单击最后一个按钮 ，圆角矩形右下角顶点的坐标就标注好了，如图 4-4 所示。下拉菜单里的其他按钮的功能也都非常直观，此处不详述。

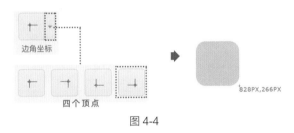

图 4-4

元素尺寸：标注元素的宽和高。选中圆角矩形图层，单击"元素尺寸"右侧的下拉按钮 ▾ 展开下拉菜单，单击第一个按钮 ，圆角矩形的高和宽就标注好了。同样"元素尺寸"工具还可用来标注选区的尺寸，在画布中绘制好一个选区，单击图中第二个按钮 ，就能标出选区的高度，如图 4-5 所示。

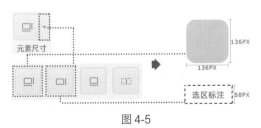

图 4-5

边缘距离：标注元素距离边缘的长度。选中圆角矩形图层，单击"边缘距离"右侧的下拉按钮 ▾ 展开下拉菜单，单击中间两个按钮 即可标出圆角矩形与画布上边界和右边界的距离，如图 4-6 所示。

图 4-6

相互距离：标注两个元素之间的距离。必须同时选中需要标注的两个图形，才能标注出两者的位置关系，图 4-7 中标出了蓝色圆角矩形与紫色圆角矩形之间的水平距离和与绿色圆角矩形之间的垂直距离。注意要标注相互距离的两个图形应在视觉上应无交集。

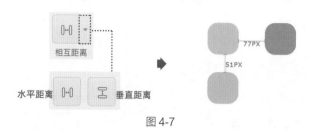

图 4-7

文字说明：为设计稿添加文字描述。这一标注功能主要在需补充文字说明时使用。

文字标注：标注文字图层的各种相关信息。选中要标注的文字图层，单击"文字标注"右侧的下拉按钮 ▼ 展开下拉菜单，勾选需标注的信息即可，"标注位置"可按需选择，如图 4-8 所示。

图 4-8

图层样式：标注矢量图的样式。运用了图层样式的图形，可以用此工具快速标出其样式参数。

内部边距：标注元素内部细节的边距。例如按钮中的文字到按钮边缘的距离，注意选中的需要标注的两个图形必须在视觉上呈现包含关系，如图 4-9 所示。

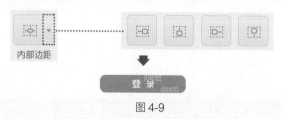

图 4-9

图层遮罩：相当于创建一个图形轮廓，一般用来给不规则的 icon 设置一个固定尺寸。这一操作在 Photoshop 里也能通过"剪贴蒙版"命令来实现。

4.3 切图输出

标注参数后，UI 设计师还需要将每个图标按照规范的尺寸单独导出，向前端工程师提供数据规范的图片。

在前面章节介绍的案例中我们讲过图标设计时需把握的视觉平衡概念，每个图标因形态不同可以使用栅格系统来辅助调整设计，使整套图标形成协调统一的视觉效果。因此，可以将栅格的外轮廓作为导出图标的尺寸规范，例如栅格系统尺寸大小为 24pt，那么在导出时所有图标的大小都采用边长为 24pt 的正方形轮廓，如图 4-10 所示。

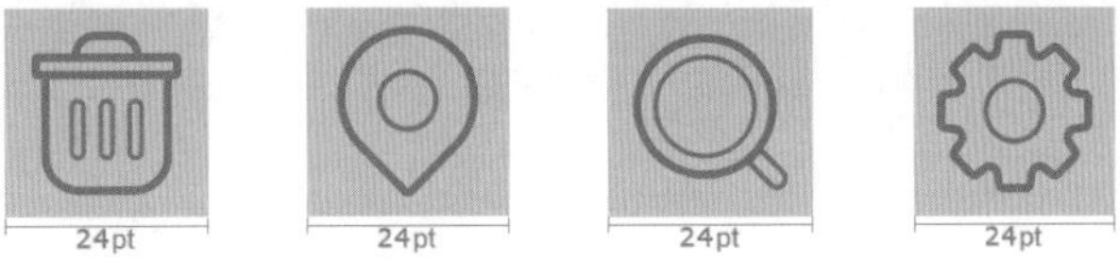

图 4-10

在第 2 章 iOS 和 Android 系统设计原则及规范中我们介绍了移动设备的屏幕尺寸各有差异，因此设计师导出的图片还需适配各种屏幕尺寸，常见的 @1x、@2x、@3x，就是指将同一张图片导出为适合不同屏幕的图片时所需的尺寸规格。如"回收站"图标尺寸为 24px×24px（@1x），那么其 @2x 规格对应的尺寸就为 48px×48px，@3x 规格对应的尺寸就为 72px×72px，设计师需将同一个图标按以上 3 种规格导出，如图 4-11 所示。

sc@1x.png   sc@2x.png   sc@3x.png
24px×24px   48px×48px   72px×72px

图 4-11

设计师将界面中所有元素均按上述方式导出并交接给前端工程师，即完成切图输出的全部工作。

第 5 章
交互设计

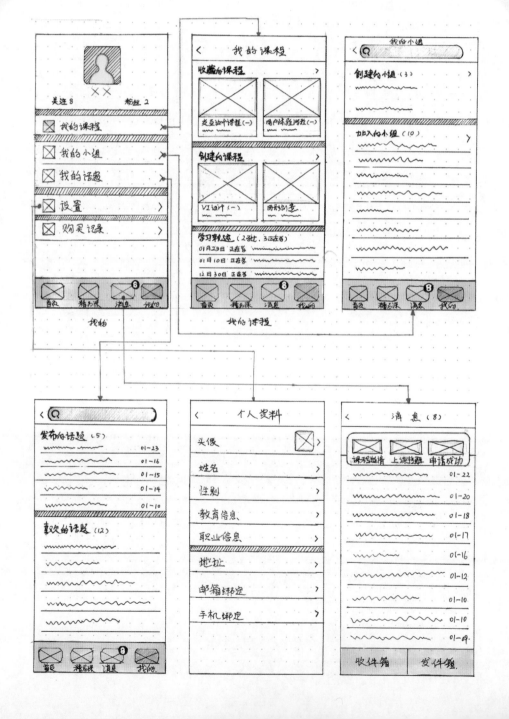

5.1 认识交互设计

交互设计的应用范围较广，可以理解为人与人之间、人与物之间的交流和互动。在互联网时代，我们可以把"交互"理解为人与设备之间进行的 "输入""反馈""输出"等互动。本章的目的在于帮助读者深入了解交互设计相关知识，拓展视觉设计的可用性和易用性。

5.1.1 交互设计与界面设计的区别

在实际工作中，交互设计师和 UI 设计师所负责的内容往往会有部分重合，但在严谨的项目流程中，交互设计环节应为界面设计的前驱。二者的区别在于，交互设计主要帮助用户实现功能目标，设计高效的操作任务；界面设计主要进行视觉引导及产品美化，使产品整体效果符合其属性及品牌形象。

例如，在 QQ 里发送语音红包，如图 5-1 所示，那么在语音红包界面中，交互设计师的任务是让用户顺利地使用语音功能的操作完成领取红包的目的，即用户按住话筒按钮，说出相应的口令，经系统识别验证后领取红包，并通过领取详情查看红包的领取情况（所领取的数额、时间等内容）。为保证这一操作的便捷性，交互设计师要充分分析用户的领取行为，以确保操作功能的合理性与界面交互的流畅性。而 UI 设计师的主要任务则是让界面中的"红包"看起来更像真实的红包，把用户带入抢红包的喜悦氛围中，通过视觉技术实现语音红包的口令和话筒按键图标等，完成提升用户体验感设计。

图 5-1

5.1.2 交互设计的五要素

从语音红包的案例中我们可以感受到，交互设计的工作目标即优化用户的操作流程。所以在交互设计中有 5 个要素特别值得注意，这是原江南大学设计学院院长辛向阳在 2015 年发表于《装饰》期刊的论文《交互设计：从物理逻辑到行为逻辑》中提出的概念。

交互设计的五要素是指用户、场景、媒介 / 工具、目标、行为。用户是指使用产品的主体；场景是指用户使用产品的场所和情景；媒介 / 工具主要指用户完成目标的途径；目标就是需要实现的最终目的。例如，小张在网上选购空调，此时他的任务是购买空调这个商品，而目标是调控室内温度，所以任务是为目标服务的；行为是指小张在网购中完成购买任务的具体操作，交互设计师要通过设计行为来为用户创造执行路径，引导操作流程，最终使用户达成目标。

这里用一个简单案例帮助大家理解交互设计的五要素：小红想到该还信用卡了，于是打开手机银行App，在登录界面中输入账号和密码，点击登录，选择信用卡还款，输入金额，点击还款，输入银行卡密码，确认还款。该案例中小红就是用户，手机是使用场景，手机银行 App 是媒介／工具，还信用卡为目标。而打开手机银行 App、输入账号和密码、点击登录、选择信用卡还款、输入金额、点击还款、输入银行卡密码、确认还款就是行为。

5.2 交互设计七大定律

随着时代的发展，前辈们已经总结了不少交互设计相关定律，本节介绍其中最常用的七大定律，分别是：席克定律、菲茨定律、泰思勒定律、奥卡姆剃刀原理、新乡重夫防错原则、接近法则、神奇数字 7±2 法则。

5.2.1 席克定律

席克定律是指一个人面临的选择越多，做决定所需要的时间就越长。例如，对于图 5-2 所示的左、右两个菜单，相信大多数人会更易接受右边简单的选择。

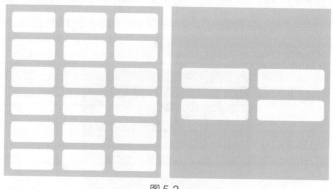

图 5-2

席克定律用数学公式表达为 $RT=a+b\log_2 n$。其中，RT 表示反应时间；a 表示与做决定无关的总时间；b 表示根据对选项认知的处理时间实证衍生出的常数（约 0.155s）；n 表示同样可能的选项数字。其曲线如图 5-3 所示。

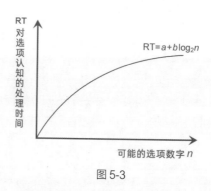

图 5-3

席克定律适合用户反应时间较短的简单抉择，不适合较为复杂的选项抉择。在短时间的抉择情境里，它能够提高用户的选择效率，我们需要尽可能将较少的、较高效的选择摆在用户面前，避免用户因选项过多而犹豫不决，造成时间成本的增加，进而导致用户放弃当前操作的可能性增大。例如，支付宝里"电影演出"的详情页对不同种类的信息进行了分类组合，把同类型的信息（名字、时长、类型、上映地点、播放时间等）

归到一起组合成电影演出的基本信息，节省用户查阅信息的时间，如图 5-4 所示。尽管不同的界面包含了诸多的信息，但优秀的界面设计一定会对信息进行合理的归纳。

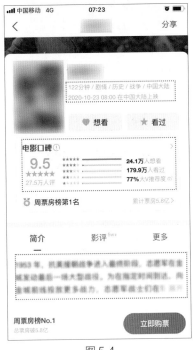

图 5-4

5.2.2 菲茨定律

菲茨定律是由保罗·菲茨（Paul M.Fitts）博士于 1954 年在对人类操作过程中的运动特征、运动时间、运动范围和运动准确性进行深入研究后提出的。该定律是用来预测从任意一点到目标中心位置所需时间的数学模型，在人机交互（Human-Computer Interaction，HCI）和设计领域影响深远。

菲茨定律的内容是使用定点设备到达目标位置的时间与当前设备位置与目标位置的距离（D）和目标大小（W）有关，如图 5-5 所示。用数学公式表示为时间 $T=a+b\log_2(D/W+1)$，其中 T 指的是移动设备所需时长；a、b 指的是经验参数，它们依托于具体定点设备的物理特性、操作人员和环境等因素；D 指的是设备起始位置和目标位置之间的距离；W 指的是目标区域的面积大小。所以结论为：当前位置与目标位置的距离越近，所需的时间越短；目标尺寸越大，完成速度越快，时间就越短。

图 5-5

菲茨定律在设计方面给我们的启示如下。

1）放大可点击元素的尺寸。在移动端的登录页设计面积较大的通栏登录按钮，让用户的操作区域更加明显，指点位置覆盖更广，点击指令的准确度更高。

2）减少移动的距离。随着移动设备屏幕的逐渐增大，设计师需要考虑把按钮和常用的指令元素放到用户更容易触控的区域内，如图 5-6 所示。

图 5-6

5.2.3 泰思勒定律

泰思勒定律又称复杂性守恒定律，该定律认为每一事件的发生过程都有其固有的复杂性，而每种过程又都存在一个临界点，到达这一临界点后，过程就无法再简化了，而是需要将固有的复杂性进行拆分。在交互设计中这一固有的复杂性也无法完全去除，因此只能设法进行层级调整。如 E-mail 的设计，收件人地址是不能简化的，用户可以选择自己手动填写，也可以通过系统记忆等方式降低操作的复杂程度。

5.2.4 奥卡姆剃刀原理

奥卡姆剃刀原理（Occam's Razor）是由奥卡姆（William of Occam）提出的。这个原理为"如无必要，勿增实体"，即"简单有效原理"。引用《通用设计法则》中的解释：该原理的含义是指一些不必要的元素会降低设计的效率，而且增加不可预测后果发生的概率。不管是在实体、视觉或认知上，多余的负担都会削弱表现效能。多余的设计元素，有可能造成失败或其他问题。这个法则还有美感上的吸引力，可以比喻成"去除"设计中多余的元素，"去除"解决方案的杂质，最后的设计会更严谨，更纯粹。

1）只放置必要的东西。例如百度搜索界面和谷歌搜索界面，用户一打开就能即刻理解它的功能和用法，如图 5-7 所示。

图 5-7

2）减少点击次数。在用户通过界面实现目标的过程中，我们的设计应尽量减少用户的操作步骤。例如淘宝的手机充值界面，将话费的选项全部展示出来，用户选择合适金额后直接进入付款页面，再点击付款，总共只需两步即可完成充值的目标，如图 5-8 所示。

图 5-8

3）减少段落数。

4）"外婆"原则。"外婆"一词在此代指老年群体，这一原则表示好的界面设计需要做到让学习新事物能力相对较弱的老年群体也可以顺利使用。

5.2.5 新乡重夫防错原则

新乡重夫的防错原则：我们不可能消除差错，但是必须及时发现和立即纠正，防止差错形成缺陷。该原则认为大部分的"意外"都是设计的疏忽导致的，而非操作不当。通过设计梳理可以尽量将出现过失的概率降到最低，该原则最初用于工业管理，也适用于交互设计。例如，界面中的弹窗提示、按钮是否处于可点击状态的显示效果设计等，都能提示用户注意当前状态，避免操作失误。

5.2.6 接近法则

第 3 章也提及过接近法则，它也是格式塔原理中的一种：当物体之间距离很近时，我们的意识会自动认为它们是相关联的。例如在界面中，常会出现一个文本框旁边带有一个提交按钮或搜索图标的情况，这表示在输入文本后即可对文本框的内容进行提交或搜索。界面中相互靠近的功能模块之间通常都存在一定的逻辑联系，建立了这种关联性的交互设计在界面中可以起到重要的引导作用。

5.2.7 神奇数字 7±2 法则

神奇数字 7±2 法则也叫"米勒定律"，它指出普通人只能在工作记忆（即短期记忆）中保持 7（±2）项的信息量。此法则于 1956 年由认知心理学家乔治·米勒（George Armitage Miller）发表于《心理学评论》。米勒经过研究，发现普通人在工作记忆中可以保持感知"信息块"的数量是 7±2 项，也就是 5 至 9 项。

大脑比较容易记住的信息通常是 3 项，当需要处理的信息超过 5 项时，则需要把它们归类到不同的逻辑范畴内。当面对需要付出必要努力才能完成的认知任务时，人的大脑才可以记住大于 7 项的信息块。也就是说，如果信息量过多，就会导致产品信息过载，使用户产生认知负荷。通常移动端界面底部导航最多不超过 5 个，因为导航是一个产品品牌视觉特征的体现，能够加强用户对该品牌形象的感知，3~5 个导航图标刚好达到用户容易记住的信息数量边界。图 5-9 所示为某银行 App 里银行卡号的填写页面，为避免出现一整段过长的数字引起视觉混乱，设计师对卡号进行了分段间隔处理，有助于用户识别和检查，防止填写错误。

图 5-9

5.3 交互设计辅助工具及应用

　　在交互设计中，将创意设计转化为应用程序需要使用一些辅助工具及方法来提高工作效率，并规范目标效果，本节主要介绍交互设计中常用的思维导图、流程图、线框图、交互说明文档。

5.3.1 思维导图

　　常见的绘制思维导图的工具有 Xmind、MindNode Pro、在线工具百度脑图等。思维导图可以结合发散性思维方法快速记录灵感，如图 5-10 所示。

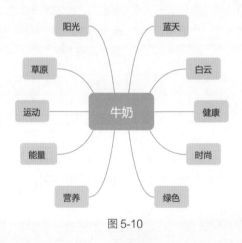

图 5-10

5.3.2 流程图

　　制作流程图的常用软件有 Visio，在线使用的绘制流程图的工具有 ProcessOn。对于开发端工程师来说，流程图比原型图更加重要，流程图能直观地描述工作过程，并对这个过程进行图形化展示。在交互设计中，流程图可以帮助我们厘清目标对象在何种前置条件下执行了哪些操作，产生了什么样的结果。交互输出物中流程图包含任务流程图和页面流程图。

（1）任务流程图。

　　任务流程图展示用户在执行某个具体的任务时的工作流程。提交任务流程图时，还应附上必要的说明，帮助阅读者快速读懂任务流程图。图 5-11 中除了将任务流程图形化之外，还配有简要的图例说明和流程说明。圆角矩形通常代表"开始 / 结束"、矩形代表"流程步骤"、菱形代表"用户判断"等。

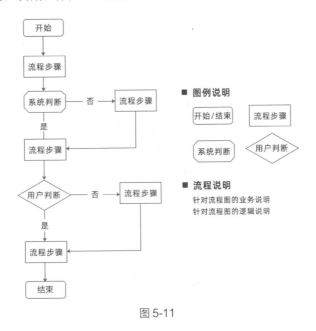

图 5-11

（2）页面流程图。

　　原型设计以页面流程图为本。页面流程图展示的是用户视角下的操作过程，代表用户所有可能执行的操作过程。页面流程图能让设计师快速发现用户体验方面的问题，展示页面元素与使用逻辑的联动关系，提升原型设计的准确率。设计师借助页面流程图，可以让界面设计逻辑清晰，将需要的内容和功能分配到不同页面。图 5-12 所示为手机充值的页面流程图。

图 5-12

5.3.3 线框图

　　常用的线框图绘制软件是 Axure，也可以使用 Photoshop、Sketch 等软件来绘制线框图，或是手绘线框图。

线框图也称为页面示意图，是展示网站或产品框架的视觉指南，能帮助设计师向团队展示应用程序具有的页面元素和控件布局，提供模块划分标准及界面视觉形象与其对应的操作指令的视觉结构，如图 5-13 所示。

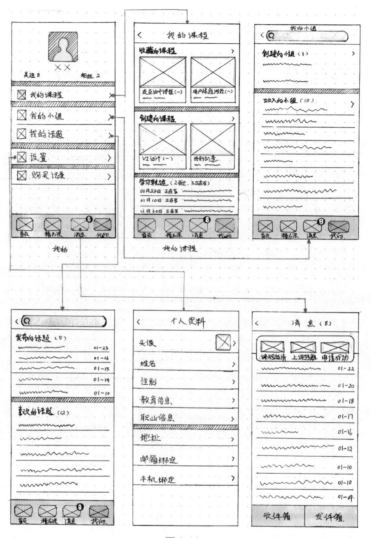

图 5-13

5.3.4 交互说明文档

交互说明文档一般使用 Word、PowerPoint、Axure 等软件制作，建议使用可以生成目录进行索引的，后续修改、更新操作方便的软件。

对于作为输出物的交互说明文档，不同的公司和产品的文档形式及内容标准都会有所不同，一般由以下主要部分构成：文档封面、更新日志、设计思路（需求分析、流程图）、需求表、交互稿（链接指向、内容展示、内容输入、交互样式、特殊状态、动效说明、手势说明）、提示文案。

以上便是对交互设计相关知识点的简要介绍，目的是让想要进阶界面设计的读者了解界面应用中交互设计的概念，掌握一些常见的交互原理，了解交互设计师所用的工具及其产物，帮助读者成为能与交互设计师良好协作的 UI 设计师。

第 6 章
移动端产品界面
设计解析

前面章节对移动端产品的界面设计进行了分类解析，本章将进行界面设计综合案例详解，以便读者了解互联网公司的团队架构、移动端产品的设计过程，以及建立完整项目流程的方法。

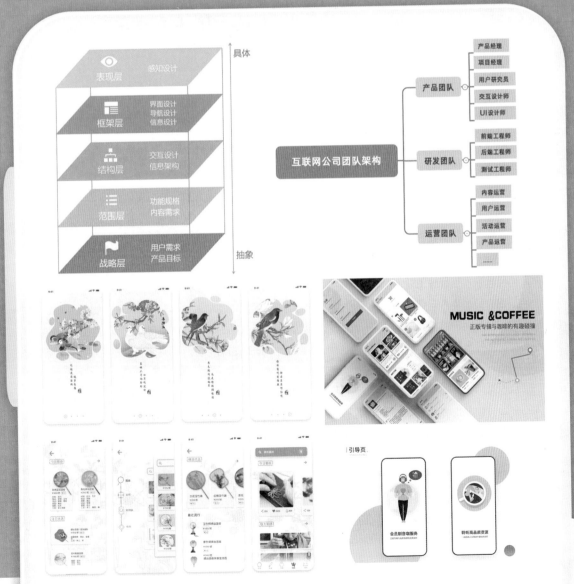

6.1 互联网公司团队架构

互联网公司团队的架构通常分为产品团队、研发团队、运营团队 3 个部分，如图 6-1 所示。产品团队主要负责产品的功能及形态设计；研发团队负责产品的技术开发与测试；运营团队负责产品的宣传推广。整套商业项目由各团队分工协作完成。

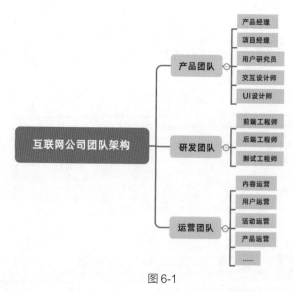

图 6-1

界面设计主要涉及产品团队及研发团队。产品团队一般包括产品经理、项目经理、用户研究员、交互设计师、UI 设计师；开发团队一般包括前端工程师、后端工程师、测试工程师。

6.1.1 产品团队

产品经理。在项目决策层确定好目标方向后，产品经理主要负责组建团队、分析需求、建立业务模型、输出产品需求文档（Product Requirement Document，PRD）、分配任务、调动手里的各种资源协调各部门的工作，以确保产品能高质准时上线。所以产品经理需要掌握相当多的技巧，并且具备很强的沟通和管理能力。

项目经理。项目经理主要负责把控整个项目的进度，对项目的质量、成本、安全等进行管理。

用户研究员。用户研究员负责分析目标用户。通过问卷调查、单人访谈、现场调查、焦点小组、可用性测试等方法分析用户的真实需求，构建他们的心智模型，对产品的市场、产品需求的真实性进行验证。公司一般会在产品开发前进行一段长时间的用户研究工作，其研究的结论是产品开发的基石，产品经理、交互设计师和 UI 设计师后续的工作都建立在此基础之上。

交互设计师。交互设计师负责设计产品的原型，把需求分解为多个目标，再将目标细化为行为，落实到具体的界面设计上，绘制出原型线框图，其输出物主要就是交互设计文档。在实际工作中，交互设计师还需考虑产品页面中图标元素的形态是否设计得恰当并易识别，各内容细节在版面中的位置安排等是否符合用户的行为习惯，以及页面间的跳转关系是否具备合理的逻辑性等。

UI 设计师。UI 设计师主要负责解决产品的易用、美观等问题。界面是人机交互的通道，UI 设计师需要根据产品的属性和目标用户的喜好等设计出符合产品定位的界面视觉效果。UI 设计师的工作需根据用研结果和交互设计师提供的原型图来进行，最终需要交付的内容为界面视觉设计稿、参数标注、切图，并需提供设计规范。

6.1.2 研发团队

研发团队中的前端工程师与 UI 设计师的工作衔接比较紧密。前端即展示在前面的内容，也就是出现在屏幕上的界面。前端工程师根据设计师提供的设计稿、标注、切图等，通过代码实现界面视觉效果，通常他们更关心的是设计师提供的内容是否可以实现或便于实现。后端即在后台进行的工作，因此后端工程师主要负责提供数据、保证产品的交互功能正常运作等。测试工程师的职责则是把控软件质量，对代码进行测试，发现在使用中可能出现的各种技术问题，确保代码质量，以提高运行效率。

以上就是一个完整的互联网公司的团队架构，团队中角色分工明确。但在实际工作中，特别是在中小型公司中，通常只有产品经理、设计师和研发人员，这就意味着设计师既要完成界面视觉设计，又要负责交互设计和用户研究等相关工作。

6.2 移动端产品开发流程

互联网产品的设计与开发有一套完整的项目流程，该流程中不同角色各司其职，又相互关联。我们以用户体验五要素的内容为切入点，介绍一款产品从无到有的大致流程。用户体验五要素如图 6-2 所示，自下而上地从抽象的设计概念到具象的产品界面可展示为：战略层、范围层、结构层、框架层、表现层。

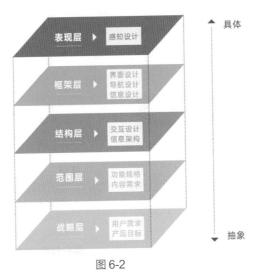

图 6-2

战略层对应产品的"产品目标""用户需求"，所以在产品项目开始设计之前需要明确这部分内容才能准确为范围层的"功能规格""内容需求"服务；结构层对应的"交互设计""信息架构"也是根据范围层的"功能规格""内容需求"而制定的；框架层的"界面设计""导航设计""信息设计"则由结构层的"交互设计""信息架构"推导而来；表现层对应的"感知设计"是界面视觉设计的依据，也是框架层的主要内容。每层内容都是其上层工作的核心依据，逐级推理即可得到产品开发流程。

移动端产品团队的成员及其主要工作内容大致如下。

用户提出需求或产品团队发现用户需求—产品经理进行需求整理（市场调研、用户研究、初步的交互、需求分配、设计功能规格）—交互设计师（结合用研结果整理出信息架构、绘制出交互原型图）—UI 设计师（根据交互原型图设计出高保真原型图、标注切图、设计规范）—前端工程师（搭建前端页面）—后端工程师（功能程序编写、测试、发布）。

6.3 名绣 App 界面设计案例解析

本节以名绣 App 界面设计为例，为读者介绍一款 App 的界面从无到有的设计过程，梳理界面视觉设计的依据。名绣 App 是一款集四大刺绣工艺介绍、刺绣工艺成品购买、传统刺绣工艺最新资讯、刺绣爱好者交流等功能于一体的 App，旨在推广刺绣文化。

6.3.1 产品分析

（1）用户研究。

近年来国家对非物质文化遗产的大力抢救与保护，以及倡导国民坚定民族文化自信，是名绣 App 开发的基石。经市场调研发现，目前市面上并没有专门针对四大刺绣文化进行推广的应用，部分 App 中只有刺绣文化介绍，另一部分 App 中提供了刺绣商品交易功能。但这些 App 产品均未提供让刺绣爱好者实时交流的功能，缺乏互动性，且界面信息冗杂，未能体现出刺绣的文化性。因此名绣 App 可在介绍刺绣文化之外，增加用户交流互动功能，完善刺绣商品交易功能，消除因装饰过多而形成的界面信息传达障碍，从而形成产品优势。

本项目的初衷是更好地推广刺绣文化，并将目标用户锁定在 18~35 岁的主流 App 用户群体中。图 6-3 所示为基于用户研究结果绘制出的用户画像，案例中 19 岁的大学生希望通过更方便的途径了解刺绣文化，并结交爱好刺绣的朋友；25 岁的幼师希望能在专业的地方安心购买刺绣产品，并能与刺绣爱好者交流技法。

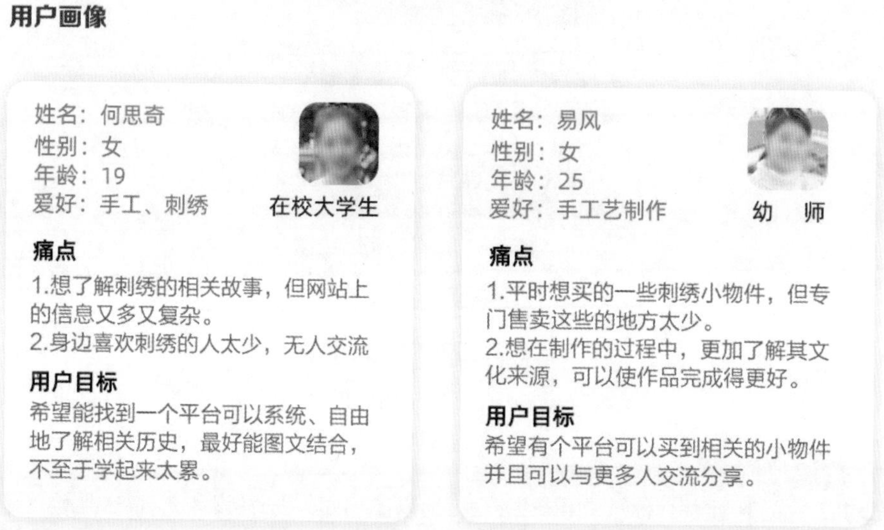

用户画像

姓名：何思奇
性别：女
年龄：19
爱好：手工、刺绣　　**在校大学生**

痛点
1.想了解刺绣的相关故事，但网站上的信息又多又复杂。
2.身边喜欢刺绣的人太少，无人交流

用户目标
希望能找到一个平台可以系统、自由地了解相关历史，最好能图文结合，不至于学起来太累。

姓名：易风
性别：女
年龄：25
爱好：手工艺制作　　**幼　师**

痛点
1.平时想买的一些刺绣小物件，但专门售卖这些的地方太少。
2.想在制作的过程中，更加了解其文化来源，可以使作品完成得更好。

用户目标
希望有个平台可以买到相关的小物件并且可以与更多人交流分享。

图 6-3

（2）信息架构。

通过用户研究和用户画像我们可以总结出目标人群的使用需求：学习刺绣文化、进行刺绣产品交易、与刺绣爱好者进行互动交流。产品的功能优先等级排序亦可从用户需求和产品目标中得出。根据产品功能优先级，可以整理出产品的信息架构图，如图 6-4 所示。这款 App 主要包括名绣、传承、市肆、时讯、我的 5 个主界面。"名绣"和"传承"界面主要提供刺绣文化的传承学习；"市肆"界面为刺绣商品的交易入口；刺绣爱好者之间的社交可以在"时讯"和"我的"界面中进行。

根据信息架构图绘制出产品界面的原型线框图,展示名绣 App 各个界面间的层级关系,如图 6-5 所示。

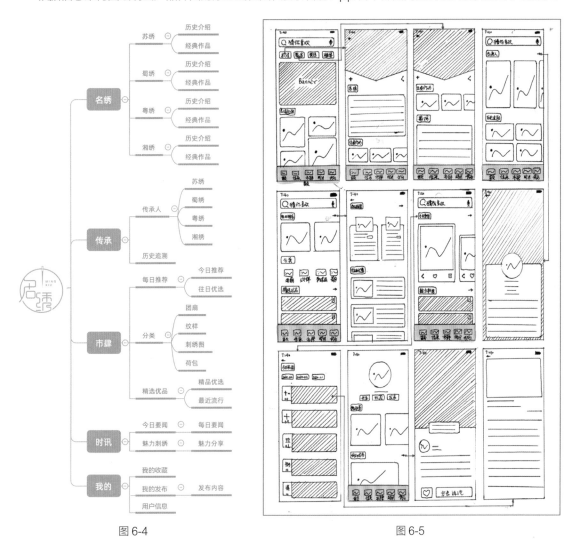

图 6-4　　　　　　　　　　　　　　　　　　　图 6-5

6.3.2 品牌形象

名绣 App 的 Logo 的设计思路为产品名称"名绣"加上刺绣所用到的针线和圆形绣绷。Logo 形态以圆形绣绷为轮廓,文字的设计与针线的形状结合,传达穿针引线的寓意,营造刺绣的工艺感,如图 6-6 所示。

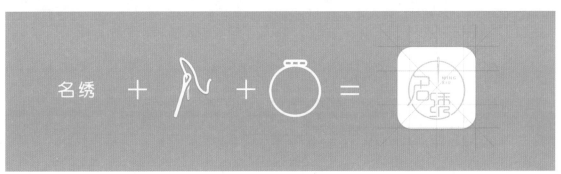

图 6-6

6.3.3 界面配色

为了让这一传统主题的界面配色看上去不过于陈旧，能符合当下主流审美，设计师选用了既清新淳朴又带有简约风格的绿灰色系，如图 6-7 所示。

图 6-7

6.3.4 界面图标设计

名绣 App 的图标设计是整个界面的亮点，在底部导航、刺绣工具和分类中，都有图标的应用。图标的形态设计选用了与刺绣相关的物品进行造型创意，采用了线性图标样式，如图 6-8 所示，界面中的小图标包括搁手板、绣线、绣花针、剪刀、扇面、纹样、荷包、刺绣画等。

底部导航对应的线性图标在选中状态下则显示为面性图标，如图 6-9 所示。

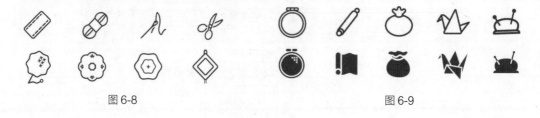

图 6-8   图 6-9

6.3.5 界面版式设计

（1）闪屏页设计。

闪屏页的主色调为"缟"（白色），这是原浆纸未经染色的白色。将一幅鸟栖息的刺绣纹样放置在闪屏页中，制造出中式手工艺品的精致感，如图 6-10 所示。

图 6-10

（2）引导页设计。

4 个引导页分别采用了四大名绣的经典作品作为主图，并搭配产品介绍文字，凸显刺绣的特色，如图 6-11 所示。

图 6-11

（3）主界面设计。

App 中的 5 个主页面分别为："名绣""传承""市肆""时讯""我的"，对应的图标分别为绣绷、纹样卷、钱袋、千纸鹤、绣线包，如图 6-12 所示。

图 6-12

"名绣"界面中包含"猜你喜欢""苏绣""蜀绣""粤绣""湘绣""名绣追溯"几个模块，模块图标统一采用圆角矩形为底框，增添视觉上的柔和感。"名绣追溯"模块中采用了照片展示的方式，推送热门作品，吸引用户点击查阅，如图 6-13 所示。

图 6-13

"传承"页分为"传承人""历史追溯"两个模块。进入"传承"页界面后底部导航中的"传承"图标的显示也有所变化，由卷轴图案线性图标变为展开的书卷面性图标。而"传承人""历史追溯"两个模块继续采用圆角矩形为底框，保持视觉一致性。"传承人"模块中的底图皆为四大刺绣的最近一代传承人照片，并推送了她们的相关信息，如图 6-14 所示。

图 6-14

"市肆"界面分为"每日推荐""分类""精优品选"模块。其中"分类"模块中的"团扇""纹样""刺绣画""荷包"均有对应的图标设计，以绣绷为底框元素，中间分别加入团扇、花纹、刺绣画的画框、荷包的图形，Logo 颜色与下方导航的颜色一致均为苍蓝色，既增添了图形趣味性，又统一了界面设计风格；"每日推荐"和"精选优品"两个模块沿用圆角矩形为底框，保持一致性，如图 6-15 所示。

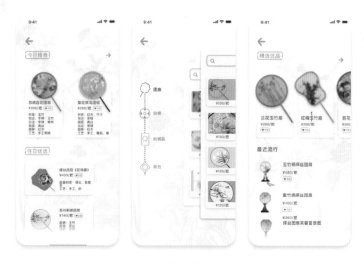

图 6-15

"时讯"界面分为"今日要闻""魅力刺绣"两个模块。进入界面后导航中的"时讯"图标也会发生变化，原来的千纸鹤图案由折叠变化为展开的形式。"今日要闻""魅力刺绣"两个模块沿用圆角矩形为底框，保持一致性；"今日要闻"模块中，图片下方采用了铜绿色的分享角标来展示被分享的次数，红色心形角标展示被点赞的数量，铜绿色的纸张角标展示评论数；"魅力刺绣"模块中，每张照片右上方都采用黄色旗状角标展示热门排名情况，推送精选内容，如图 6-16 所示。

图 6-16

"我的"界面中的内容比较简洁，由"用户信息""我的收藏""我的发布"3 个模块组成。

（4）其他界面设计。

其他二级页面的展示都继承了主界面的设计风格，统一采用圆角矩形为底框，如图 6-17 所示。

图 6-17

以上就是名绣 App 的界面设计思路。细心的读者一定会发现，无论是小图标设计，还是界面的配色，以及基础图形、字体等细节，都有做到视觉一致性，从而为用户提供良好的使用体验。

6.4 "MUSIC&COFFEE"音咖概念App界面设计案例解析

本节介绍一款音咖概念的 App 界面设计。经过前期调研，我们将这款音咖 App 定位为主打"音乐咖啡屋"的互联网产品，既属于移动端音乐类 App，又结合了咖啡店的功能，为追求品质音乐及喜爱咖啡的群体提供现磨咖啡、稀有独特的精品音乐专辑，满足目标人群的小众追求，使用户在高品质音乐与高端咖啡的结合中获得独特体验。

6.4.1 产品定位

音咖 App 的目标用户为对于品质生活有较高要求的精英人群，其使用定位为会员邀请制。用户可以在使用音咖 App 时获取最新音乐专辑动态、最新星级咖啡的专属服务信息，可随时预定咖啡及购买正版音乐专辑，并享有专属折扣，还拥有各类稀有品类咖啡的体验机会。综上所述，这款 App 的设计目标为让用户体验到高品质音乐和高端咖啡搭配服务，如图 6-18 所示。

图 6-18

6.4.2 用户研究

通过问卷调查、单人访谈等深度用户调研，绘制出目标人群的用户画像，如图 6-19 所示。

程序员

姓名:李勇　年龄:28　性别:男

方文周，深度音乐爱好者，喜欢收藏各类正版
音乐专辑，时常泡在咖啡厅中沉迷于咖啡豆与
品质音乐融合在一起的那种感受

 职场白领

姓名:赵玲　年龄:34　性别:女

淑文，追求高品质生活体验的新职场女性，大
量空余时间用于品味美食，且对于咖啡有独特
的追求，喜欢独特风味的音乐

图 6-19

　　总结得出该 App 的界面设计关键词为品质、个性、舒适、易操作，如图 6-20 所示。再通过制作情绪
板（Mood board）的方式，找到视觉设计的创意灵感。通常，对产品及相关主题的色彩、图片、影像或材
料进行收集，提取情绪反应，然后制作成情绪板，并将其作为视觉设计的目标。我们可以翻阅杂志、书籍等
资料，从中选出与音咖 App 气质相符的配色方案和图片素材等，裁剪图片制作出定义 App 整体界面视觉风
格的情绪板，如图 6-21 所示。

图 6-20　　　　　　　　　　　　　　　　　　　图 6-21

　　综上所述，音咖 App 的主题风格由产品的定位和目标人群特点决定。通过对目标人群、产品关键词、
情绪板的提炼，我们得出该产品界面的主色调需突出精致感，弱化无用的信息，强调核心功能。因此界面设
计的风格需做到简约典雅，采用卡片式的设计语言，各部分板块独立明确，强化层级表达，突出图文的主次
关系，降低用户操作的复杂度。

6.4.3 视觉规范

　　基于对目标人群及产品特色的梳理总结，需要制定出 App
的界面视觉设计规范。Logo 的图形创意为咖啡杯和黑胶唱片
的结合，示意音乐与咖啡的搭配，标准色为橙黄色和黑色，如
图 6-22 所示。

图 6-22

　　图 6-23 所示为色彩和文字的使用规范，该 App 的主色调使用了品牌色中的橙黄色，文字使用苹方字体。第 3 章 App 界面设计中提到过组件和控件的重要性，在这个项目中组件和控件也发挥了重要的作用。根据产品风格定位设计出多个组件和控件的基础效果，包括导航栏、浮动菜单、按钮、选择框、输入框、选择器、滑动开关、分段控制器、标签等。图 6-24 所示为组件和控件的使用规范，有助于提升设计效率，达成界面在视觉上的统一。

图 6-23

图 6-24

6.4.4 界面布局

界面布局会影响用户对 App 的使用感受，作为一款主打品质感的 App，用户体验的舒适性尤为重要。设计师需要从交互、信息、界面 3 个层面进行深入考量，这里采用提升表现层内容面积的方案，如图 6-25 所示。

图 6-25

使用思维导图工具梳理出音咖 App 的信息架构图，如图 6-26 所示。再绘制出线框图，如图 6-27 所示，可以看到每一项被触发后跳转到的页面。

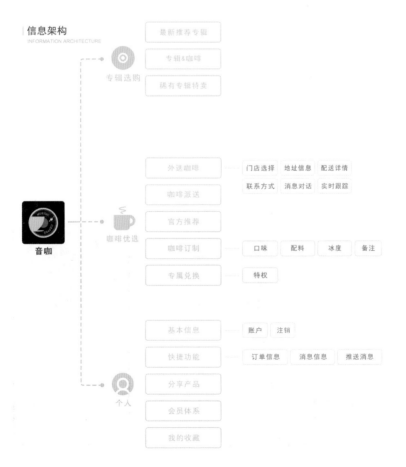

图 6-26

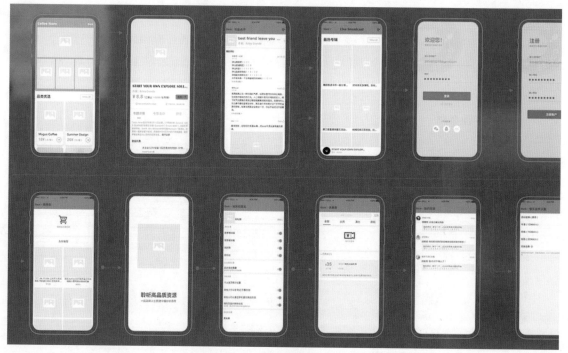

图 6-27

6.4.5 界面视觉设计

（1）主要功能界面。

引导页设计。采用目前流行的扁平化插画，结合功能文案的方式设计引导页，展示 App 的"会员制音咖服务""聆听高品质资源"等特色功能，并在插画中应用橙黄色，如图 6-28 所示。

图 6-28

登录界面设计。登录界面背景采用橙黄色为主色调，黄黑搭配可以体现出 App 独具个性。界面中还展示了"快捷登录"入口，如图 6-29 所示。

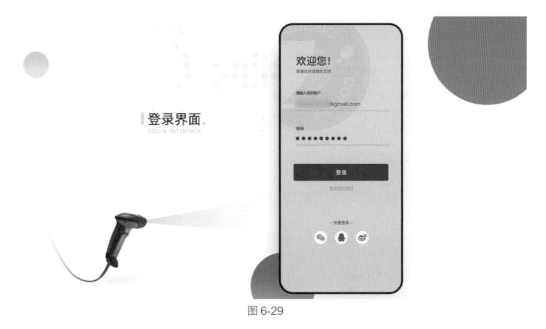

图 6-29

首页设计。首页的主要组件为音乐和咖啡的相关活动板块，使用了智能化推荐功能，目的在于制造互动性。"最热专辑"栏目让用户能够第一时间获取专辑资讯，界面中取消了传统的底部导航设计，如图 6-30 所示，注重突出核心卖点，为用户带来与众不同的交互体验。

图 6-30

专辑选购页以简约风格搭配专辑特点来呈现，如图 6-31 所示。该页面中价格是用户普遍会关注的内容，因此将其字号放大并使用醒目的红色。"支持一下"按钮用品牌色进行强化，引导用户点击。由于页面空间有限，所以使用了分页控件来展示"专题详情""专享活动""评论"的内容。"专题详情"分页展示专辑的详细信息；"专享活动"分页中有该专辑最新的折扣信息；"评论"分页中的互动效应可辅助刺激用户的购买欲。

专题选购。

专题详情、专享活动

评价

图 6-31

咖啡优选页设计。该页面提供星级优质咖啡订制服务和品类优选咖啡的在线预订和外送服务。banner 下方区域用色块分割,为用户提供专属咖啡订制服务,并结合到店预订功能,加强线上和线下服务的无缝衔接。运用卡片式的组件设计方式,将每一种咖啡的特点及价格直观地展示出来,便于用户快速浏览并做出选择,如图 6-32 所示。

咖啡优选。

星级优质咖啡订制

在线预订、外送服务

图 6-32

专属兑换页沿用卡片组件设计,展示签到功能和用户可以购买的促销商品,以及可获得的专属礼品,增强产品的丰富性和用户黏性,如图 6-33 所示。

图 6-33

我的收藏页如图 6-34 所示。页面主要分为"专辑""歌手""视频""专栏"四大板块，用分页控件展示，并对各类专辑进行分类整理，满足用户对于所购专辑的归纳需求。同时，使用列表控件对常用播放数据进行单一层级智能排列。

图 6-34

直播分享页为直播板块的定制内容，是为增强用户之间的交流和互动性而设计的，用户可通过分享咖啡与音乐的心得，打造自己的专属空间。设计上依旧采用卡片式组件，以色块区分音乐风格和排名，如图 6-35 所示。

图 6-35

（2）其他界面。

图 6-36 所示为其他界面。先设计好主要界面，再在主要界面的视觉基础上设计其他界面就会更加高效。

图 6-36

以上便是音咖 App 界面设计的思路与视觉效果展示，希望能为读者提供界面设计制作的参考方案。信息架构和高保真原型图都是界面设计的结构支撑，视觉规范（颜色、文字、组件和空间）与视觉一致性也是做好界面设计的重要条件。

第 7 章
UI中的动效设计

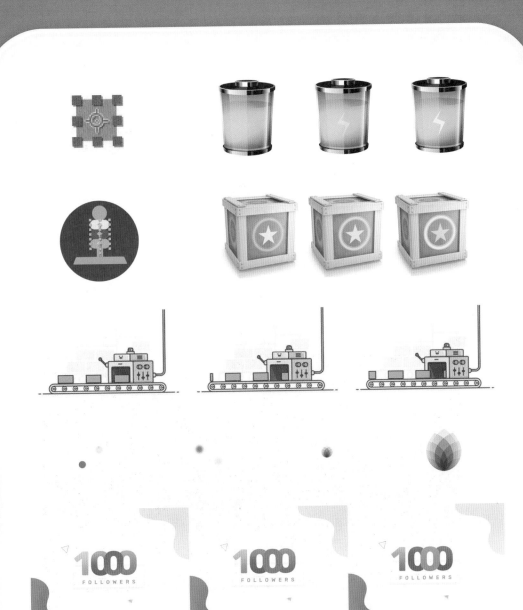

7.1 动效设计软件介绍

随着技术的进步，UI 设计师除了要会设计图标、制作界面视觉效果，也需要掌握一定的动效设计技能。动效设计即动态效果的设计，App 界面上所有涉及运动的效果，都可称为动效。在界面设计中，好的动效设计可以有效提升用户的交互体验及加强界面传播信息的效果，让用户眼前一亮。

7.1.1 UI 常用动效设计软件

目前市面上可以制作动效的软件有很多，如 After Effects、Photoshop、Principle、Protopie 等，但相对而言，最适合用于制作 UI 动效的设计软件是 After Effects，它的制作功能强大且完备，其图标如图 7-1 所示。After Effects 与 Photoshop 和 Illustrator 一样，都是 Adobe 公司开发的产品。

本章主要介绍动效设计软件 After Effects 的基础功能及作用，需掌握的知识主要包括 5 点：①掌握 After Effects 面板合成设置；②掌握"预设""分辨率""持续时间""背景颜色"等重要参数的设置；③掌握时间轴面板的使用方法；④掌握"锚点""位置"等变换工具的基础使用方法；⑤掌握"操控点"的使用方法。

图 7-1

7.1.2 After Effects 界面结构与基本功能

启动 After Effects。双击桌面上的 图标启动 After Effects，启动完成后，可以看到 After Effects 的工作界面，如图 7-2 所示。

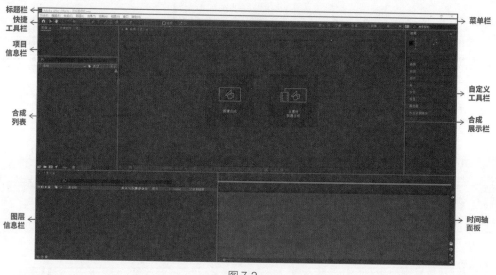

图 7-2

工作界面。After Effects 的工作界面由标题栏、菜单栏、合成展示栏、快捷工具栏、自定义工具栏、项目信息栏、合成列表、图层信息栏和时间轴面板这九大部分组成。

标题栏。标题栏位于界面顶部。标题栏包含当前编辑的文件名称、软件版本信息，同时还包含软件图标（应用程序图标）。

菜单栏。菜单栏位于标题栏下方，包含"文件""编辑""合成""图层""效果""动画""视图""窗口""帮助"9个主菜单。

快捷工具栏。快捷工具栏位于菜单栏下方，从左至右包含"选取工具""手形工具""缩放工具""旋转工具""统一摄像机工具""锚点工具""矩形工具""钢笔工具""横排文字工具""画笔工具""仿制图章工具""橡皮擦工具""Roto笔刷工具""操控点工具"等常用工具。

项目信息栏。项目信息栏主要显示项目的名称、类型、尺寸、比例、颜色、时长和帧速率等。选中要了解的项目时会显示项目的全部信息，平时处于默认状态，如图7-3所示。

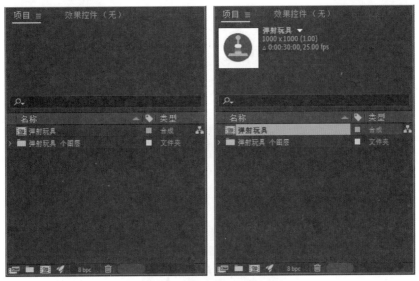

图7-3

合成列表。合成列表的主要作用是将各类型的素材进行排列，以便在制作后续动效时对需要的素材进行操作。合成列表中会显示各类素材合成的名称、类型、大小、帧速率等。其左下角按钮依次对应"释放素材""创建文件夹""新建合成""修改通道颜色""删除素材合成"功能，如图7-4所示。

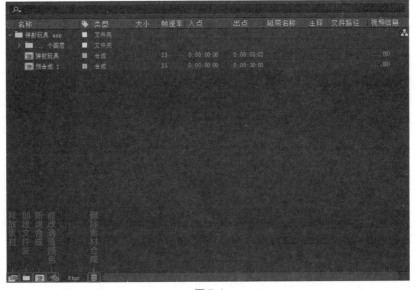

图7-4

合成展示栏。合成展示栏的主要作用是随时对制作的动效合成进行预览。After Effects 2019 版本在无任何合成状态时有"新建合成""从素材新建合成"这两个功能，在有合成状态时则会转化为"预览"面板，如图 7-5 所示。

图 7-5

自定义工具栏。每位设计师可以根据自己的日常习惯，通过"窗口"菜单添加各类不同类型的工具，自定义工具栏如图 7-6 所示。

图 7-6

以上简要介绍了 After Effects 操作界面中各部分的功能，帮助读者熟悉其功能与用途，为后续实际动效设计做准备。

7.1.3 After Effects 合成与变换

本小节通过案例讲解 After Effects 中的合成与变换。

1. 设置分析

创建简单色块，运用图层的"变换"菜单熟悉"锚点""位置""缩放""旋转""不透明度"工具的基本操作和使用方法。

2. 重要工具

合成设置。 打开 After Effects，执行"合成"→"新建合成"命令，打开"合成设置"对话框，在对话框中进行相关设置，如图 7-7 所示。

合成名称：所合成项目名称，可以根据项目内容进行自定义。

预设：将之前的合成动画以模板的形式直接套用。

宽度、高度：合成项目的尺寸。

像素长宽比：根据具体的设备参数进行调整，一般情况下保持默认即可。

分辨率：直接选择现阶段常用的分辨率类型即可。

开始时间码：动画开始的时间位置。

持续时间：动画总时长。

背景颜色：整段合成动画的背景颜色。

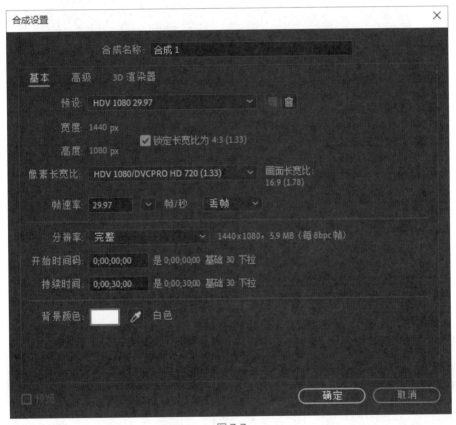

图 7-7

变换设置。 可在图层信息栏中对图层进行基础的变换设置，如图 7-8 所示。

锚点：控制动效组件的操控位置点，可根据不同情况进行调节。

位置：制作位移类动效时所使用的功能。

缩放：制作缩放类动效时所使用的功能。

旋转：制作旋转类动效时所使用的功能。

不透明度：调节不透明度配合动效节奏营造出虚实结合的效果。

图 7-8

3. 制作步骤

打开 After Effects，执行"合成"→"新建合成"命令，打开"合成设置"对话框，本案例直接使用默认参数，如图 7-9 所示。单击"确定"按钮。

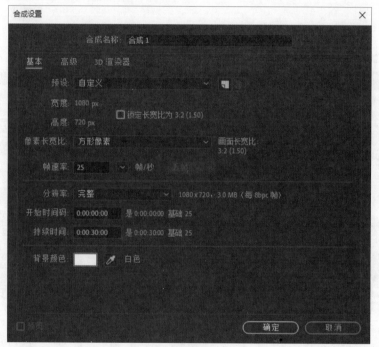

图 7-9

双击"合成 1"图层，进入"合成 1"画布，在红色区域内单击鼠标右键，在弹出的菜单中执行"新建"→"纯色"命令，打开"纯色设置"对话框，在"大小"选项组中设置"宽度""高度"均为 30 像素，在"颜色"选项组中选择橙色，并单击"确定"按钮完成设置，新建橙色纯色块，如图 7-10 所示。

图 7-10

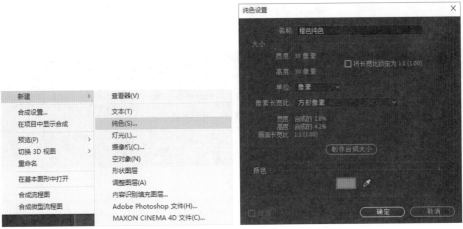

图 7-10（续）

单击"选取工具" ![选取工具图标]，将画布中的矩形色块拖至画面左侧，然后单击"橙色纯色"图层前面的展开按钮 ![展开图标]，展开"变换"菜单，如图 7-11 所示。

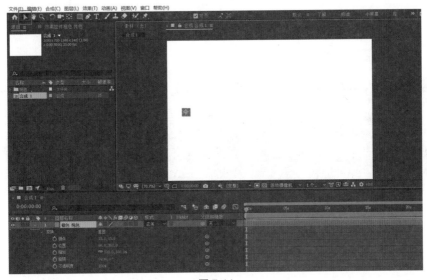

图 7-11

接下来对橙色纯色块进行"位置"变换。设置步骤如下。

①单击"锚点"前的秒表按钮 ![秒表图标]，创建关键帧动画，并确定锚点位置居于橙色纯色块的中心位置，如图 7-12 所示。

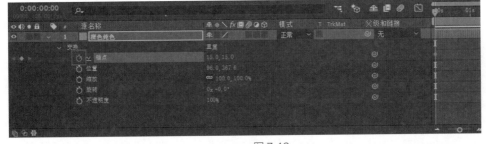

图 7-12

②单击"位置"前的秒表按钮 ，创建关键帧动画，拖动时间线 📷 到 05s 位置，然后调整"位置"数值为（747.7, 367.6），如图 7-13 所示。

图 7-13

③"位置"移动动画的基础操作演示完成，如图 7-14 所示。

图 7-14

使用相同的方法对橙色纯色块进行"缩放"变换。拖动时间线 📷 到 00s 位置，单击"缩放"前的秒表按钮 📷，然后将时间线 📷 拖动到 05s 的位置，并将"缩放"数值调整为（10%, 10%），如图 7-15 所示。

图 7-15

"缩放"动画的基础操作演示完成，如图 7-16 所示。

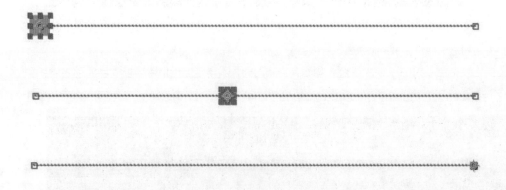

图 7-16

使用相同的方法对橙色纯色块进行"旋转"变换。拖动时间线 📷 到 00s 位置，单击"旋转"前的秒表按钮 📷，然后将时间线 📷 拖动到 05s 位置，并将"旋转"数值调整为 0x+180°，如图 7-17 所示。

图 7-17

"旋转"动画的基础操作演示完成，如图 7-18 所示。

图 7-18

使用相同的方法对橙色纯色块进行"不透明度"变换。拖动时间线 到 00s 位置，单击"不透明度"前的秒表按钮 ，然后将时间线 拖动到 05s 位置，并将"不透明度"数值调整为 0%，如图 7-19 所示。

图 7-19

"不透明度"动画的基础操作演示完成，如图 7-20 所示。

图 7-20

案例总结

本案例介绍的是 After Effects 软件最常用的几大功能，其中包括"锚点""位置""缩放""旋转""不透明度"变换及时间轴的使用和操作方法。

7.2 UI 动效设计案例详解

通过上一节的学习我们了解了 After Effects 重要的基础功能及作用，本节将通过不同案例实操来掌握使用 After Effects 制作基础动效的技能。

7.2.1 弹射玩具

素材文件	第 7 章 >7.2.1 弹射玩具 > 弹射玩具 .psd
效果源文件	第 7 章 >7.2.1 弹射玩具 > 弹射玩具 .aep
在线视频	第 7 章 >7.2.1 弹射玩具 .mp4
技术需求	锚点、位置变换功能

扫码看视频

本案例效果如图 7-21 所示。

图 7-21

（1）制作分析。

本案例主要针对弹射玩具制作动效，来模拟类似加载的小动画效果，目的是让读者能够熟练地掌握好"锚点工具"的具体使用方法，加强使用"锚点工具"调整图形物理特征的能力。建议读者对每个图形的细节变化与整体动态效果之间的逻辑关系进行反复训练，直至能准确呈现动效。

（2）制作步骤。

在 After Effects 中打开本节素材中的"弹射玩具 .psd"文件，选择"导入种类"为"合成"，并选择"可编辑的图层样式"单选项，单击"确定"按钮完成设置，导入图片，如图 7-22 所示。

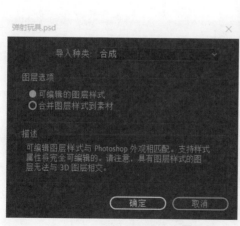

图 7-22

双击"弹射玩具"后的"合成"，展开所有图层模式，如图 7-23 所示。

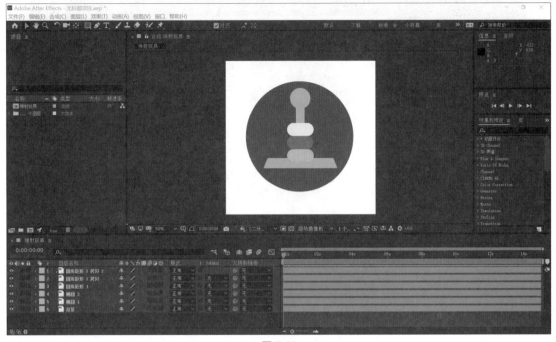

图 7-23

选择"圆角矩形 1"图层，单击"快捷工具栏"中的"锚点工具" 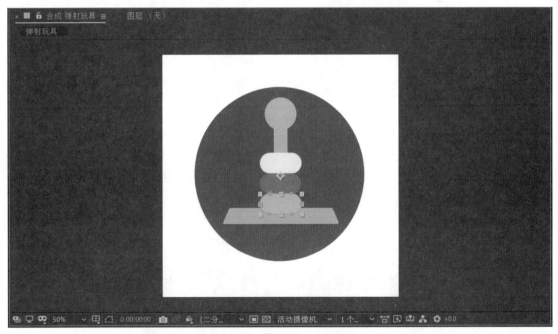 之后，选择"选取工具"。单击画面中的蓝色物体，如图 7-24 所示。

图 7-24

"锚点工具"的作用是控制物体所有的运动轨迹。如果需要让物体整体运动，就需要将锚点置于物体的中心位置。继续选择"锚点工具"，将锚点拖曳至蓝色物体的中心位置，如图 7-25 所示。

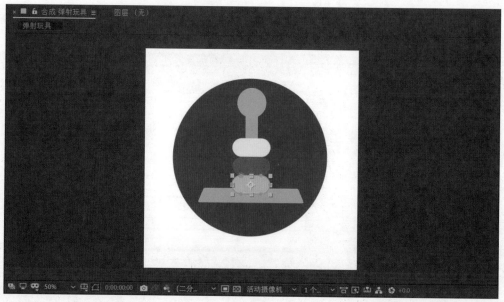

图 7-25

此弹射动画中主要运动的对象是红色、黄色、蓝色 3 个物体，因此，需要将其他两种颜色的物体用相同的方式进行锚点设置。单击"选取工具" ▶，选择红色物体，之后选择"锚点工具" ▧，将锚点移动到红色物体的中心位置，如图 7-26 所示。

图 7-26

单击"选取工具" ▶，选择黄色物体，之后选择"锚点工具" ▧，将锚点移动到黄色物体的中心位置，如图 7-27 所示。

图 7-27

锚点设置完成后需制作 3 个物体向上弹射的效果，其中初始状态位置固定的设置步骤如下。

①按住 Shift 键，同时单击选中圆角矩形 1 的 3 个图层，如图 7-28 所示。

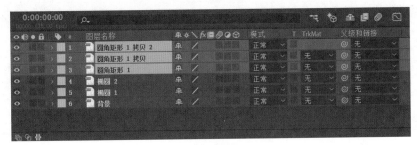

图 7-28

②单击展开按钮 ■ 展开"变换"菜单，然后单击"锚点"前的秒表按钮 ⏱，单击"位置"前的秒表按钮 ⏱，为上一步选中的 3 个图层插入"锚点"和"位置"关键帧，如图 7-29 所示。

图 7-29

初始状态位置固定完毕后开始设置动态部分，此时需要调用时间轴，使物体向上弹跳后又逐个落下，形成一组小动效，设置步骤如下。

①将时间线 ■ 拖到 01s 位置，将同时选中的 3 个图形移动到图 7-30 所示位置，此时"位置"的数值为（500,349）。

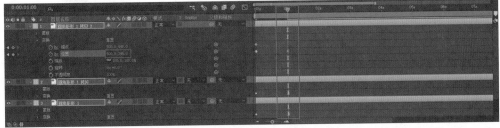

图 7-30

②将时间线 拖动到 02s 位置，单击添加关键帧按钮 为图层 #1、图层 #2、图层 #3 添加"位置"关键帧，单独调整图层 #3 的"位置"数值为（500,594），如图 7-31 所示。

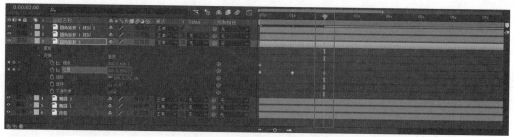

图 7-31

③单独选择图层 #2，单击展开"变换"菜单，单击"位置"左侧的添加关键帧按钮 ，将时间线 拖动到 03s 位置，单击"位置"左侧的添加关键帧按钮 ，分别为图层 #1、图层 #2 插入"位置"关键帧；调整图层 #2 的"位置"数值为（500,510），如图 7-32 所示。

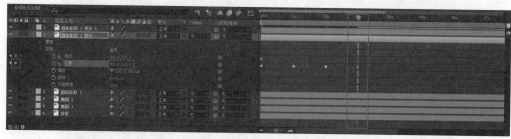

图 7-32

④用相同的方式，选择图层 #1，单击展开"变换"菜单，单击"位置"左侧的添加关键帧按钮 ，将时间线 拖动到 04s 位置，调整"位置"数值为（500,429），如图 7-33 所示。

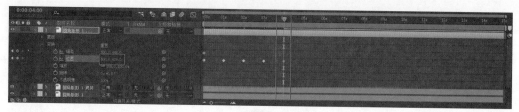

图 7-33

此时为了调整整体物体的运动速度，选择图层 #1、图层 #2、图层 #3，单击鼠标右键并在弹出的快捷菜单中选择"预合成"命令，如图 7-34 所示。

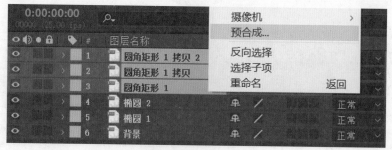

图 7-34

图 7-34（续）

选择"预合成 1"图层并在其对应时间轴 ████████ 上单击鼠标右键，在弹出的快捷菜单中选择"时间"，之后选择"时间伸缩"命令，如图 7-35 所示。在弹出的对话框中调整"拉伸因数"为 50%，单击"确定"按钮。

图 7-35

弹射玩具案例设置演示完毕，按 Enter 键便可预览效果。

案例总结

本案例主要运用了"锚点"变换工具，将锚点锁定在物体的中心位置，让物体自由地移动，最终形成上下弹跳的动画效果。

7.2.2 动态进度条

素材文件	第 7 章 >7.2.2 动态进度条 > 动态进度条 .psd
效果源文件	第 7 章 >7.2.2 动态进度条 > 动态进度条 .aep
在线视频	第 7 章 >7.2.2 动态进度条 .mp4
技术需求	位置变换功能

扫码看视频

本案例效果如图 7-36 所示。

图 7-36

（1）制作分析。

本案例主要制作加载进度条的动画效果，通过使用"位置"变换工具并调整其数值来实现，旨在让读者能够熟练掌握"位置"变换工具的运用方法。

（2）制作步骤。

在 After Effects 中打开本节素材中的"动态进度条 .psd"文件，然后选择"导入种类"为"合成"，并选择"可编辑的图层样式"单选项，单击"确定"按钮完成设置，导入图片。双击"动态进度条"后的"合成"，展开所有图层样式，如图 7-37 所示。

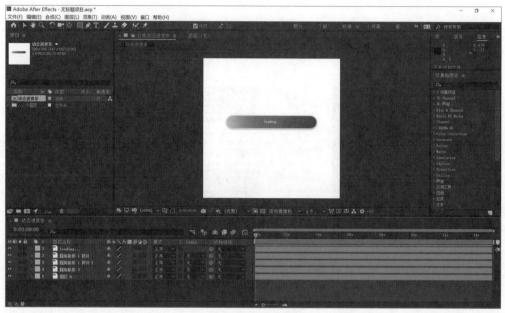

图 7-37

选中图层 #3 并拖曳将其与图层 #4 互换位置，目的是让上方的图层可以对下方进行遮罩，保证进度条的动画不会溢出画面，如图 7-38 所示。

图 7-38

单击图层 #4 的"TrkMat"对应的位置，选择"Alpha 遮罩'圆角矩形 1'"选项，如图 7-39 所示。

图 7-39

接下来设计进度条动画——从进度 0 到进度 100 的移动动画效果，具体操作步骤如下。

①选择图层 #4 并单击展开按钮，展开其"变换"菜单，单击"位置"前的秒表按钮，并调整对应数值为（-85,250），如图 7-40 所示。

图 7-40

②将时间线拖动到 02s 位置，调整"位置"数值为（251,250），如图 7-41 所示。

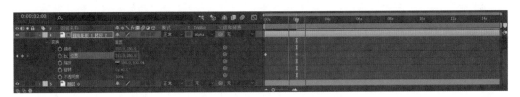

图 7-41

③考虑到丰富细节会使加载出现延迟的现象，因此移动时间线至 01s 位置，单击"位置"左侧的添加关键帧按钮，移动时间线至 01:20f 位置，框选之前的关键帧，按快捷键 Ctrl+C 复制，按快捷键 Ctrl+V 粘贴，如图 7-42 所示。

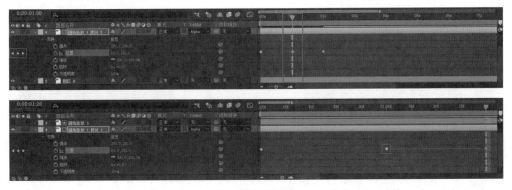

图 7-42

动态进度条案例设置演示完毕，按 Enter 键便可预览效果。

案例总结

本案例主要使用"位置"变换工具，通过对位置的移动和遮罩功能的运用，实现加载动画的整体效果。读者在制作的过程中需分清遮罩图层的上、下级关系，为后续整体动效的实现做好准备。

7.2.3 充电显示

素材文件	第 7 章 >7.2.3 充电显示 > 充电显示 .psd
效果源文件	第 7 章 >7.2.3 充电显示 > 充电显示 .aep
在线视频	第 7 章 >7.2.3 充电显示 .mp4
技术需求	不透明度变换功能

扫码看视频

本案例效果如图 7-43 所示。

图 7-43

（1）制作分析。

本案例主要通过使用"不透明度"变换工具制作充电显示动态效果。

（2）制作步骤。

在 After Effects 中打开本节素材中的"充电显示 .psd"文件，然后选择"导入种类"为"合成"，并选择"可编辑的图层样式"单选项，单击"确定"按钮完成设置，导入图片。双击"充电显示"后的"合成"，展开所有图层样式，如图 7-44 所示。

图 7-44

充电时，雷电图标闪烁，因此本案例主要是通过控制雷电图标的不透明度变化，来制作充电显示的整体效果。具体操作步骤如下。

①选择图层 #1 并单击展开按钮，展开其"变换"菜单，单击"不透明度"前的秒表按钮，并调整对应数值为 50%，如图 7-45 所示。

图 7-45

②将时间线 ▼ 拖动到 01s 位置,调整"不透明度"数值为 0%,如图 7-46 所示。

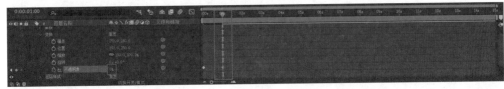

图 7-46

③移动时间线 ▼ 至 02s 位置,调整"不透明度"数值为 100%,如图 7-47 所示。

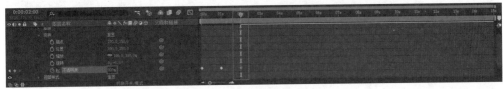

图 7-47

充电显示案例设置演示完毕,按 Enter 键便可预览效果。

案例总结

　　本案例主要通过使用"不透明度"变换工具,使电池上的雷电图标出现持续闪烁的效果,呈现充电效果。

7.2.4 发光盒子

素材文件	第 7 章 >7.2.4 发光盒子 > 发光盒子 .psd
效果源文件	第 7 章 >7.2.4 发光盒子 > 发光盒子 .aep
在线视频	第 7 章 >7.2.4 发光盒子 .mp4
技术需求	不透明度变换功能

扫码看视频

本案例效果如图 7-48 所示。

图 7-48

（1）制作分析。

本案例主要通过使用"不透明度"变换工具，让盒子上的图标呈现光晕和变化效果。

（2）制作步骤。

在 After Effects 中打开本节素材中的"发光盒子 .psd"文件，然后选择"导入种类"为"合成"，并选择"可编辑的图层样式"单选项，单击"确定"按钮完成设置，导入图片。双击"发光盒子"后的"合成"，展开所有图层样式，如图 7-49 所示。

图 7-49

①选择图层 #1 并单击展开按钮■，展开其"变换"菜单，单击"不透明度"前的秒表按钮■，并调整其数值为 60%，如图 7-50 所示。

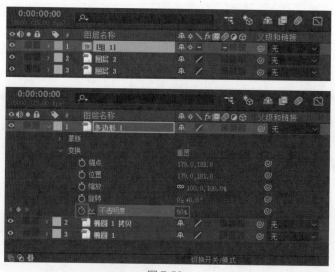

图 7-50

②将时间线■拖动到 01s 位置，调整"不透明度"数值为 100%，如图 7-51 所示。

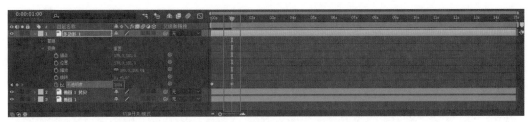

图 7-51

③将时间线 拖动到 02s 的位置，调整"不透明度"数值为 60%，如图 7-52 所示。

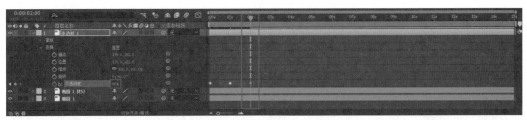

图 7-52

④将时间线 拖动到 00s 的位置，选择图层 #2 并单击展开按钮 ，展开其"变换"菜单，单击"不透明度"前的秒表按钮 ，并调整其数值为 90%，如图 7-53 所示。

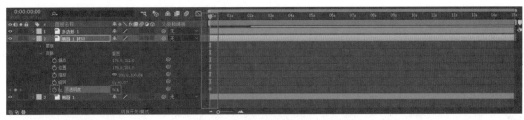

图 7-53

⑤将时间线 拖动到 01s 位置，调整"不透明度"数值为 30%，如图 7-54 所示。

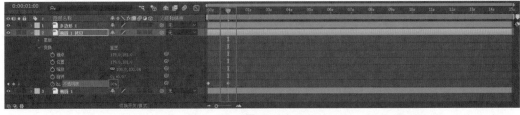

图 7-54

⑥将时间线 拖动到 02s 位置，调整"不透明度"数值为 90%，如图 7-55 所示。

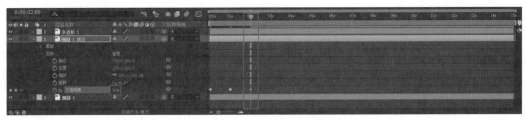

图 7-55

⑦将时间线██拖动到 00s 位置，选择图层 #3 并单击展开按钮██，展开其"变换"菜单，单击"不透明度"前的秒表按钮██，并调整其数值为 100%，如图 7-56 所示。

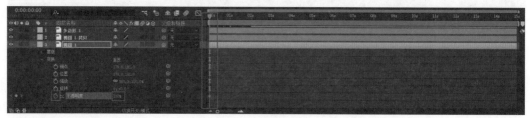

图 7-56

⑧将时间线██拖动到 01s 的位置，调整"不透明度"数值为 20%，如图 7-57 所示。

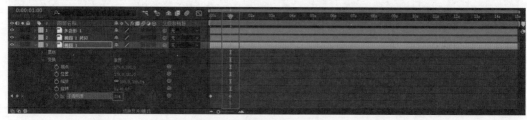

图 7-57

⑨将时间线██拖动到 02s 的位置，调整"不透明度"数值为 100%，如图 7-58 所示。

图 7-58

发光盒子案例设置演示完毕，按 Enter 键便可预览效果。

案例总结

本案例主要通过使用"不透明度"变换工具将物体的不透明度相互叠加形成光晕效果，让整体画面更加通透，也增强了图标动效的层次感。此方法符合日常设计所需要的创作逻辑，因此读者制作完此案例能够更好地掌握将不透明度相互叠加的方式与处理技巧。

7.2.5 信息提示

素材文件	第 7 章 >7.2.5 信息提示 > 信息提示 .psd
效果源文件	第 7 章 >7.2.5 信息提示 > 信息提示 .aep
在线视频	第 7 章 >7.2.5 信息提示 .mp4
技术需求	缩放变换功能

扫码看视频

本案例效果如图 7-59 所示。

图 7-59

（1）制作分析。

本案例以真实通信场景为设计思路，模拟收到信息时画面显示信息提示图标的效果，旨在强化缩放效果在实际插画场景中的应用。

（2）制作步骤。

在 After Effects 中打开本节素材中的"信息提示 .psd"文件，然后选择"导入种类"为"合成"，并选择"可编辑的图层样式"单选项，单击"确定"按钮完成设置，导入图片。双击"信息提示"后的"合成"，展开所有图层样式，如图 7-60 所示。

图 7-60

为了模拟收到信息时界面出现爱心图标的效果，我们需要使用缩放功能让手机上方出现对话框，让画面内的信息可视化。具体操作步骤如下。

①选择图层 #1 并单击展开按钮 ■，展开其"变换"菜单，将"缩放"数值设为（0%,0%）；插入"锚点""缩放"关键帧，移动时间线 ■ 到 05f 位置，修改"缩放"数值为（100%,100%），如图 7-61 所示。

图 7-61

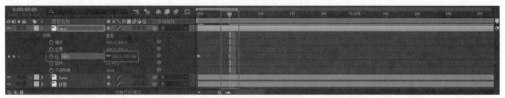

图 7-61（续）

②选择图层 #2，选择"锚点工具" ■，将锚点移动到爱心图标的中心位置，如图 7-62 所示。

图 7-62

③展开图层 #2 并展开其"变换"菜单，插入"不透明度"关键帧，设置其数值为 0%；移动时间线 ■ 到 13f 位置，设置"不透明度"数值为 100%，如图 7-63 所示。

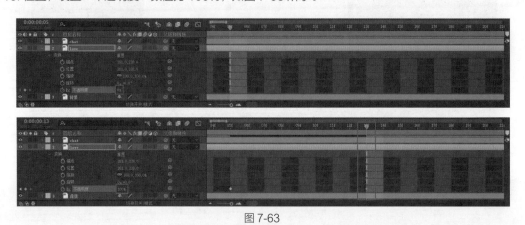

图 7-63

④插入"缩放"关键帧，并设置其数值为（100%,100%）；移动时间线 ■ 到 20f 位置，设置"缩放"数值为（0%,100%），如图 7-64 所示。

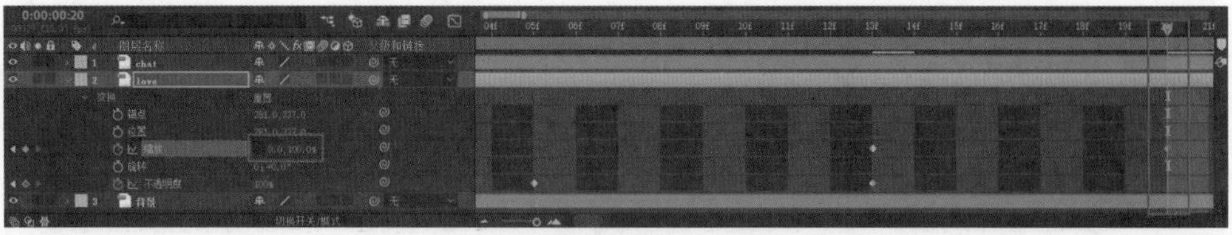

图 7-64

⑤移动时间线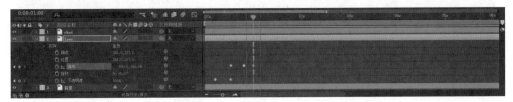到01s位置，设置"缩放"数值为（100%,100%），如图7-65所示。

图7-65

信息提示案例设置演示完毕，按Enter键便可预览效果。

案例总结

本案例主要以"缩放"变换工具与"不透明度"变换工具相结合的方式，模拟收到信息时的插画场景，展示如何通过动效呈现收发信息时所产生的界面视觉效果。

7.2.6 飞行动画

素材文件	第7章 > 7.2.6 飞行动画 > 飞行动画 .psd
效果源文件	第7章 > 7.2.6 飞行动画 > 飞行动画 .aep
在线视频	第7章 > 7.2.6 飞行动画 .mp4
技术需求	投影技巧运用

扫码看视频

本案例效果如图7-66所示。

图7-66

（1）制作分析。

本案例将飞机上下起伏的飞行动态通过变化的投影表现出来，并形成连贯的动画效果。通过实际飞机飞行中近地面时投影变大，远地面时投影变小的物理变换作为参考依据，来进行整体动效的设计。

（2）制作步骤。

在After Effects中打开本节素材中的"飞行动画.psd"文件，然后选择"导入种类"为"合成"，并选择"可编辑的图层样式"单选项，单击"确定"按钮完成设置，导入图片。双击"飞行动画"后的"合成"，展开所有图层样式，如图7-67所示。

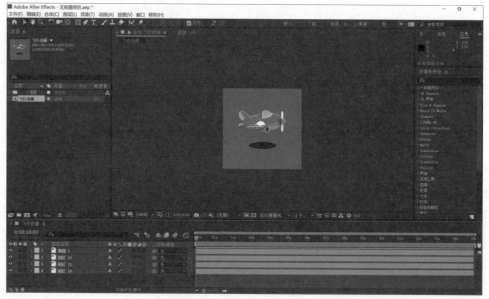

图 7-67

为了使投影与飞机的变化接近于实际的变化效果，我们需要增加投影及螺旋桨的变化。具体操作步骤如下。

①选择图层 #1，选择"锚点工具" ，将锚点移动到阴影的中心位置，如图 7-68 所示。

图 7-68

②插入"位置""锚点""缩放"关键帧，移动时间线到 01s 位置，修改"缩放"数值为（130%,130%），如图 7-69 所示。

图 7-69

③移动时间线到 01:10f 位置，修改"缩放"数值为（70%,70%），移动时间线到 02s 位置，修改"缩放"数值为（100%,100%），如图 7-70 所示。

图 7-70

图 7-70（续）

④选择图层 #2，选择"锚点工具" ，将锚点移动到图 7-71 所示的位置。

图 7-71

⑤移动时间线 到 00s 位置，选择图层 #2 并单击展开按钮 ，展开其"变换"菜单，插入"位置""锚点""缩放"关键帧；移动时间线 到 01s 位置，修改"缩放"数值为（100%,80%），如图 7-72 所示。

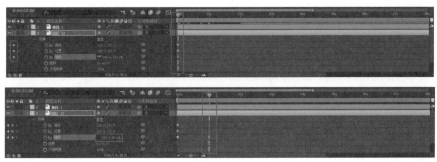

图 7-72

⑥移动时间线 到 02s 位置，修改"缩放"数值为（100%,100%），如图 7-73 所示。

图 7-73

⑦按住 Shift 键，同时选中图层 #2、图层 #3，单击鼠标右键并在弹出的快捷菜单中选择"预合成"命令，如图 7-74 所示。

图 7-74

⑧选择图层 #2 并展开其"变换"菜单，插入"位置""锚点"关键帧，移动时间线 ▼ 到 01s 的位置，修改"位置"数值为（150, 175），如图 7-75 所示。

图 7-75

⑨移动时间线 ▼ 到 02s 位置，修改"位置"数值为（150, 150），如图 7-76 所示。

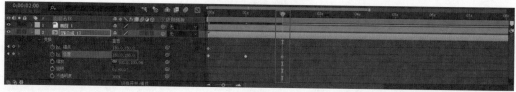

图 7-76

飞行动画案例设置演示完毕，按 Enter 键便可预览效果。

案例总结

本案例主要通过改变投影的大小，配合模拟飞机的起降效果，完成整体的飞行动态的呈现。

7.2.7 渐变字体

素材文件	第 7 章 >7.2.7 渐变字体 > 渐变字体 .psd
效果源文件	第 7 章 >7.2.7 渐变字体 > 渐变字体 .aep
在线视频	第 7 章 >7.2.7 渐变字体 .mp4
技术需求	渐变叠加图层样式运用

扫码看视频

本案例效果如图 7-77 所示。

图 7-77

（1）制作分析。

本案例主要通过颜色渐变叠加的动画效果，使文字产生不同样式的变化，让文字有一种动态的设计感，相互交错的颜色变化可以吸引观者的注意力，这也是一种常用的让字体有动态感的处理手法。

（2）制作步骤。

在 After Effects 中打开本节素材中的"渐变字体 .psd"文件，然后选择"导入种类"为"合成"，并选择"可编辑的图层样式"单选项，单击"确定"按钮完成设置，导入图片。双击"渐变字体"后的"合成"，展开所有图层样式，如图 7-78 所示。

图 7-78

实现渐变叠加与字体动画效果的具体操作步骤如下。

① 选择图层 #1，单击鼠标右键在弹出的菜单中选择"图层样式"子菜单里的"渐变叠加"命令，如图 7-79 所示。

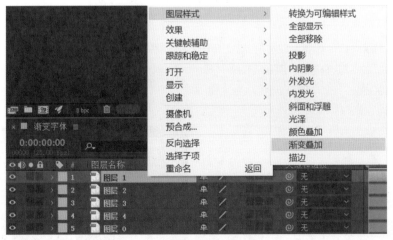

图 7-79

② 选择图层 #1，展开其"图层样式"→"渐变叠加"菜单，插入"颜色"关键帧，单击"编辑渐变"，在弹出的对话框中设置暗部色值为 #c60000、亮部色值为 #ff8a00，如图 7-80 所示。

图 7-80

③移动时间线 到 01s 位置，修改渐变颜色暗部、亮部色值分别为 #00c6b1、#ffd800，如图 7-81 所示。

图 7-81

④移动时间线 到 00s 位置，在图层 #2 上单击鼠标右键并为其添加"渐变叠加"效果；单击图层 #2 并展开"图层样式"→"渐变叠加"菜单，插入"颜色"关键帧，单击"编辑渐变"，在弹出的对话框中设置暗部色值为 #ff00de、亮部色值为 #ff0000，如图 7-82 所示。

图 7-82

⑤移动时间线🖱到01s位置，修改渐变颜色，暗部色值、亮部色值分别为#1200ff、#00d8ff，如图7-83所示。

⑥移动时间线🖱到00s位置，在图层#3上单击鼠标右键并为其添加"渐变叠加"效果，单击图层#3并展开"图层样式"→"渐变叠加"菜单，插入"颜色"关键帧，单击"编辑渐变"，在弹出的对话框中设置渐变颜色暗部色值为#ffa800、亮部色值为#e4ec09，如图7-84所示。

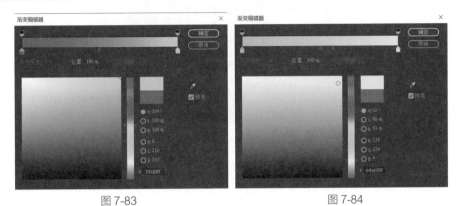

图 7-83   图 7-84

⑦移动时间线🖱到01s位置，修改渐变颜色，暗部色值、亮部色值分别为#ff00ea、#ec0919，如图7-85所示。

图 7-85

⑧移动时间线🖱到00s位置，在图层#4上单击鼠标右键并为其添加"渐变叠加"效果，单击图层#4并展开"图层样式"→"渐变叠加"菜单，插入"颜色"关键帧，单击"编辑渐变"，在弹出的对话框中设置渐变颜色暗部色值为#3c00ff、亮部色值为#ff00d8，如图7-86所示。

图 7-86

⑨移动时间线 到 01s 位置，修改渐变颜色，暗部色值、亮部色值分别为 #d5691a、#ffae00，如图 7-87 所示。

图 7-87

⑩选中图层 #1~ 图层 #4，按快捷键 U 显示图层关键帧；框选所有选中图层在 00s 位置处的首个 关键帧并复制，移动时间线 到 02s 位置粘贴关键帧，如图 7-88 所示。

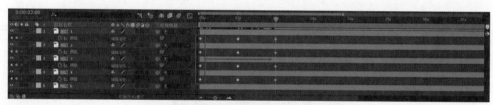

图 7-88

渐变字体案例设置演示完毕，按 Enter 键便可预览效果。

案例总结

　　本案例的主要目的是通过制作一个渐变叠加变化动画，帮助读者熟练掌握这类动效设计的技术 手法及操控要点，最终实现通过改变渐变叠加样式来制作幻彩字体动效。

7.2.8 炫彩图标

素材文件	第 7 章 >7.2.8 炫彩图标 > 炫彩图标 .psd
效果源文件	第 7 章 >7.2.8 炫彩图标 > 炫彩图标 .aep
在线视频	第 7 章 >7.2.8 炫彩图标 .mp4
技术需求	渐变叠加图层样式运用

扫码看视频

本案例效果如图 7-89 所示。

图 7-89

（1）制作分析。

动态图标的设计对于日常设计而言是一门十分重要的课题，通过此次对动态图标案例的学习，读者可以进一步理解动效设计中叠加效果的运用方式及作用，更加深入地掌握渐变叠加图层样式的运用方法，熟练把控整体效果，从而提高设计能力。

（2）制作步骤。

在 After Effects 中打开本节素材中的"炫彩图标 .psd"文件，然后选择"导入种类"为"合成"，并选择"可编辑的图层样式"单选项，单击"确定"按钮完成设置，导入图片。双击"炫彩图标"后的"合成"，展开所有图层样式，如图 7-90 所示。

图 7-90

设想整体动态 Logo 的展现形式是从无到有、最终凸显的渐变过程，那么我们就需要结合缩放动画，再通过渐变叠加的方式进行制作。具体操作步骤如下。

①单击图层 #1、图层 #2 的"眼睛"按钮 ◉ 使其隐藏，单击图层 #3 并展开其"变换"菜单，插入"缩放"关键帧，设置"缩放"数值为（0%,0%），如图 7-91 所示。

图 7-91

②移动时间线▧到 08f 位置，修改"缩放"数值为（100%,100%），如图 7-92 所示。

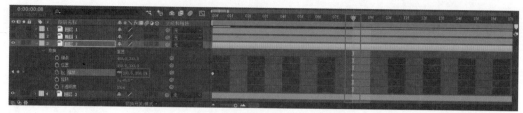

图 7-92

③打开并显示图层 #1，将图层 #1 的时间线▧拖动至 08f 的位置，使其从 08f 开始显示，如图 7-93 所示。

图 7-93

④打开"效果和预设"面板，搜索"色相"，找到"色相 / 饱和度"选项，将其拖动至图层 #1 上，为图层 #1 添加"色相 / 饱和度"效果，如图 7-94 所示。

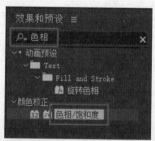

图 7-94

⑤展开"色相 / 饱和度"菜单，插入"通道范围"关键帧，移动时间线▧到 1:10f 位置，修改"主色相"数值为 0x+180°，如图 7-95 所示。

图 7-95

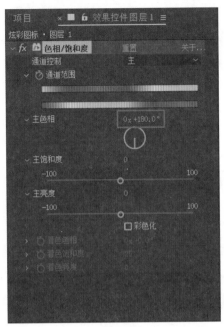

图 7-95（续）

⑥移动时间线 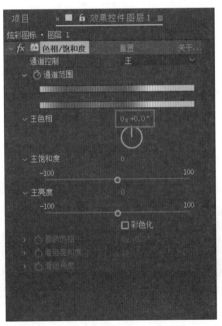 到 02s 位置，修改"主色相"数值为 0x+0°，如图 7-96 所示。

图 7-96

炫彩图标案例设置演示完毕，按 Enter 键便可预览效果。

案例总结

本案例通过使用渐变叠加动效来丰富画面视觉效果，帮助读者熟练掌握这类动效的技术手法。

7.2.9 广告动效

素材文件	第 7 章 >7.2.9 广告动效 > 广告动效 .psd
效果源文件	第 7 章 >7.2.9 广告动效 > 广告动效 .aep
在线视频	第 7 章 >7.2.9 广告动效 .mp4
技术需求	外发光图层样式运用

扫码看视频

本案例效果如图 7-97 所示。

图 7-97

（1）制作分析。

"外发光"作为一种常见的设计效果在动效设计中多用于暗调环境中，通过光效与环境的对比起到烘托主体物的作用。本案例利用闪烁效果凸显折扣信息这一主体内容，主要通过在图层轮廓中添加外发光样式，来完成发光效果关键帧动画。

（2）制作步骤。

在 After Effects 中打开本节素材中的"广告动效 .psd"文件，然后选择"导入种类"为"合成"，并选择"可编辑的图层样式"单选项，单击"确定"按钮完成设置，导入图片。双击"广告动效"后的"合成"，展开所有图层样式，如图 7-98 所示。

图 7-98

本案例的设计目标是让主题文字及边框有外发光的效果，因此需要完成发光效果的制作。具体操作步骤如下。

①选择图层 #1，单击鼠标右键，在弹出的快捷菜单中选择"图层样式"子菜单里的"外发光"命令，如图 7-99 所示。

图 7-99

②选择图层 #1 并展开"图层样式"→"外发光"菜单，插入"颜色"关键帧，色值设为 ff1111，如图 7-100 所示。

图 7-100

③插入"大小"关键帧，移动时间线 到 01s 位置，修改"大小"数值为 100，如图 7-101 所示。

图 7-101

④移动时间线 到 02s 位置，修改"大小"数值为 0，如图 7-102 所示。

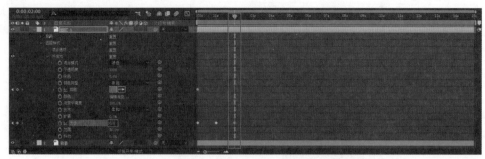

图 7-102

广告动效案例设置演示完毕，按 Enter 键便可预览效果。

案例总结

本案例主要涉及外发光效果的应用，这种如霓虹灯般闪烁的效果常被用于暗色背景中凸显光亮。掌握好此类效果的重点是把控好动效在视觉上的流畅度，根据实际情况不同，制作的动态节奏也应有所不同，因此前期需进行充分的设计思考并做好效果预期。

7.2.10 传送动效

素材文件	第 7 章 >7.2.10 传送动效 > 传送动效 .psd	
效果源文件	第 7 章 >7.2.10 传送动效 > 传送动效 .aep	
在线视频	第 7 章 >7.2.10 传送动效 .mp4	
技术需求	蒙版工具运用	

扫码看视频

本案例效果如图 7-103 所示。

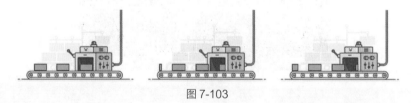

图 7-103

（1）制作分析。

制作"传送动效"动画需要考虑到物体进入机器内部会被验收，即形态消失，上一级流水线物体要被隐藏，整体需形成不断循环的效果。因此本案例可以通过将流水线上的物体与一整块消失点的位置进行蒙版处理，再结合位置动画来实现。

（2）制作步骤。

在 After Effects 中打开本节素材中的"传送动效 .psd"文件，然后选择"导入种类"为"合成"，选择"可编辑的图层样式"单选项，单击"确定"按钮完成设置，导入图片。双击"传送动效"后的"合成"，展开所有图层样式，如图 7-104 所示。

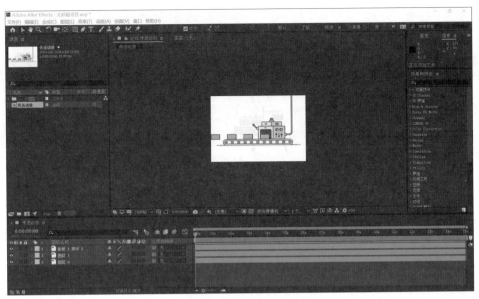

图 7-104

我们需要采用事先制作好的范围区域作为蒙版，来规范物体只在这个区域内进行循环运动。具体操作步骤如下。

①选中图层 #2，按快捷键 Ctrl+D 复制图层；将图层 #2 与图层 #1 进行位置互换，使传送带位于货物的上层；选择图层 #2，在 "TrkMat" 对应的位置单击，选择 "Alpha 遮罩'图层 2'" 选项，如图 7-105所示。

图 7-105

②按快捷键 Ctrl+R 打开 "标尺辅助线" 工具，从最左侧标尺上按住鼠标左键向右拖曳，拉出一条辅助线，如图 7-106 所示。

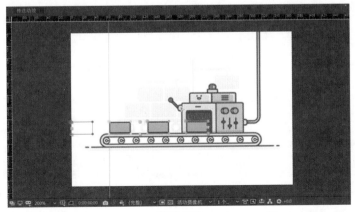

图 7-106

③展开图层 #2 的"变换"菜单，插入"位置"关键帧，移动时间线 ▣ 到 01s 位置，修改"位置"数值为（248,128），如图 7-107 所示。

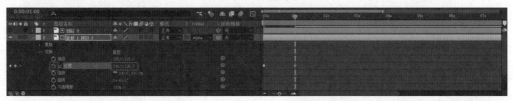

图 7-107

传送动效案例设置演示完毕，按 Enter 键便可预览效果。

案例总结

　　本案例得以实现的首要关键点在于通过保持图像初始和结束时的位置一致去制作出一个闭合形态的动画效果，并且让整个动画可以无限循环；次要关键点是位置动画与蒙版工具的结合，保证整体动态效果流畅。

7.2.11 变色雪花

素材文件	第 7 章 >7.2.11 变色雪花 > 变色雪花 .psd
效果源文件	第 7 章 >7.2.11 变色雪花 > 变色雪花 .aep
在线视频	第 7 章 >7.2.11 变色雪花 .mp4
技术需求	色彩模式的运用

扫码看视频

本案例效果如图 7-108 所示。

图 7-108

（1）制作分析。

　　本案例主要通过变换雪花的色彩模式，并结合不透明度的设计，使雪花产生柔和的色彩变化。色彩模式的合理搭配及运用，可以增强画面过渡的自然感，画面整体的视觉效果也会更加舒缓。

（2）制作步骤。

　　在 After Effects 中打开本节素材中的"变色雪花 .psd"文件，然后选择"导入种类"为"合成"，选择"可编辑的图层样式"单选项，单击"确定"按钮完成设置，导入图片。双击"变色雪花"后的"合成"，展开所有图层样式，如图 7-109 所示。

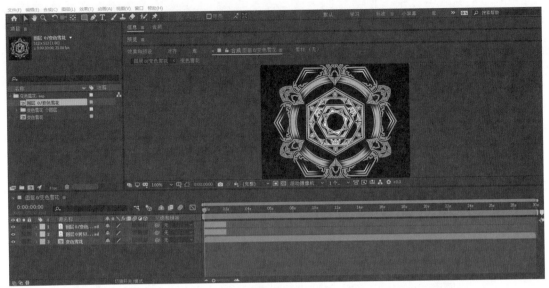

图 7-109

为了让雪花能随色彩模式的改变而产生颜色变化，我们需要通过以下设置步骤来实现效果。

①设置图层 #1 的"模式"为"叠加"，如图 7-110 所示。

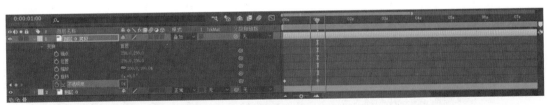

图 7-110

②展开图层 #1 的"变换"菜单，插入"不透明度"关键帧，移动时间线 🔲 到 01s 位置，修改"不透明度"数值为 0%，如图 7-111 所示。

图 7-111

③移动时间线 🔲 到 02s 位置，修改"不透明度"数值为 100%，如图 7-112 所示。

图 7-112

变色雪花案例设置演示完毕，按 Enter 键便可预览效果。

案例总结

　　本案例是通过色彩模式的选择及调整来实现的。对两种或两种以上不够协调的颜色使用叠加的色彩模式可以实现别样效果。熟练使用这一方法可以让整个设计更具融合性，也更生动。

7.2.12 加载动效

素材文件	第 7 章 >7.2.12 加载动效 > 加载动效 .psd
效果源文件	第 7 章 >7.2.12 加载动效 > 加载动效 .aep
在线视频	第 7 章 >7.2.12 加载动效 .mp4
技术需求	通过基础综合类技能制作图标与图标之间切换过渡的效果

扫码看视频

本案例效果如图 7-113 所示。

图 7-113

（1）**制作分析。**

　　如果过渡类动画的演示时间较长，则需要制作加载动效。常见的加载动效是滚轮旋转类型的，一般加载动画结束之后进度条会随即消失不见。

（2）**制作步骤。**

　　在 After Effects 中打开本节素材中的"加载动效 .psd"文件，然后选择"导入种类"为"合成"，选择"可编辑的图层样式"单选项，单击"确定"按钮完成设置，导入图片。双击"加载动效"后的"合成"，展开所有图层样式，如图 7-114 所示。

图 7-114

加载页面的进度条随着高光从无到有最终"填满"整体进度，为了让进度条加载动效完整，需要完成以下操作步骤。

　　①选择图层 #1 并展开其"变换"菜单，插入"旋转"关键帧，修改其数值为 0x-45°，移动时间线  到 03s 位置，修改"旋转"数值为 2x+315°，如图 7-115 所示。

图 7-115

　　②选择图层 #2 并展开其"变换"菜单，插入"旋转"关键帧，修改其数值为 3x+0°，移动时间线 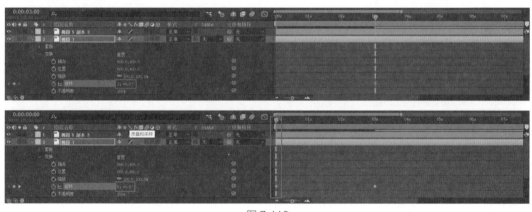 到 00s 位置，修改"旋转"数值为 0x+0°，如图 7-116 所示。

图 7-116

　　③选择图层 #4 并展开其"变换"菜单，插入"缩放"关键帧，移动时间线  到 04s 位置，修改"缩放"数值为（135%,135%），如图 7-117 所示。

图 7-117

　　④选中图层 #1、图层 #2、图层 #3，单击鼠标右键，在弹出的快捷菜单中选择"预合成"命令，如图 7-118 所示。

　　⑤选择图层 #1 并展开其"变换"菜单，插入"不透明度"关键帧，修改其数值为 0%，移动时间线  到 03s 位置，修改"不透明度"数值为 100%，如图 7-119 所示。

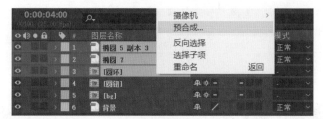

图 7-118

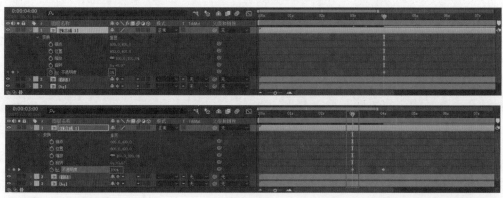

图 7-119

加载动效案例设置演示完毕，按 Enter 键便可预览效果。

案例总结

　　本案例通过调整图标的大小及不透明度的方式制作过渡效果，重点在于不同动效间的联动关系要清晰，制作流程要明了，动画层次要分明，以保证后续动画实现最优效果。

7.2.13 合成图标

素材文件	第 7 章 >7.2.13 合成图标 > 合成图标 .psd
效果源文件	第 7 章 >7.2.13 合成图标 > 合成图标 .aep
在线视频	第 7 章 >7.2.13 合成图标 .mp4
技术需求	通过模糊及基础综合类技能制作图标与图标之间切换过渡的效果

扫码看视频

本案例效果如图 7-120 所示。

图 7-120

（1）制作分析。

　　模糊效果一般应用在物体运动过程中，物体运动速度加快会使物体形态变得模糊。本案例的最终效果便是由小圆点的高速旋转变化形成的，配合弹跳效果，能使整体效果更生动。

（2）制作步骤。

在 After Effects 中打开本节素材中的"合成图标 .psd"文件，然后选择"导入种类"为"合成"，并选择"可编辑的图层样式"单选项，单击"确定"按钮完成设置，导入图片。双击"合成图标"后的"合成"，展开所有图层样式，如图 7-121 所示。

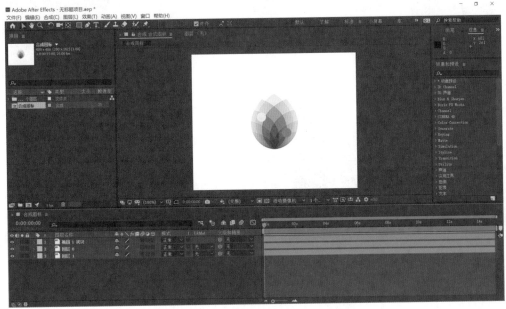

图 7-121

首先要思考并设计好小圆点高速旋转的样式，在圆圈缩小之后弹出最终的图标，并注意弹出图标这一动态的流畅程度。具体操作步骤如下。

①单击图层 #2 的"眼睛"按钮◉隐藏该图层；选中图层 #1，选择"锚点工具"▣，将锚点置于两圆之间的中心位置，如图 7-122 所示。

图 7-122

②展开图层 #1 的"变换"菜单，插入"旋转""位置""锚点"关键帧，移动时间线▽到 02s 位置，修改"旋转"数值为 5x+0°，如图 7-123 所示。

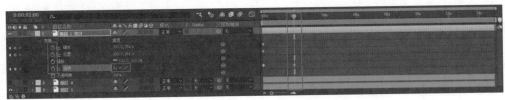

图 7-123

③在图层 #1 上单击鼠标右键，在弹出的快捷菜单中执行"效果"→"模糊和锐化"→"高斯模糊"命令，如图 7-124 所示。

图 7-124

④移动时间线 到 10f 位置，展开图层 #1 的"效果"→"高斯模糊"菜单，插入"模糊度"关键帧；移动时间线 到 01s 位置，修改"模糊度"数值为 65.7；移动时间线 到 01:15f 位置，修改"模糊度"数值为 30，如图 7-125 所示。

图 7-125

⑤插入"缩放"关键帧，移动时间线 到 02s 位置，修改"缩放"数值为（0%,0%），如图 7-126 所示。

图 7-126

⑥显示图层 #2，展开图层 #2 的"变换"菜单，插入"缩放"关键帧，修改数值为（0%,0%），移动时间线 ▧ 到 02:10f 位置，修改"缩放"数值为（106%,95%），如图 7-127 所示。

图 7-127

⑦移动时间线 ▧ 到 02:15f 位置，修改"缩放"数值为（95%,106%），如图 7-128 所示；移动时间线 ▧ 到 02:20f 位置，修改"缩放"数值为（100%,100%）。

图 7-128

合成图标案例设置演示完毕，按 Enter 键便可预览效果。

案例总结

　　本案例通过设计小圆点的运动状态，使其从简单的旋转到加快转速至形成高速模糊的视觉效果，利用缩放、旋转的方式，在图形消失的瞬间让图标像花朵绽放一样呈现出来，制作绽放动态的同时也要考虑到图标中叶子形态的轻盈质感，通过形状缩放使其产生轻快的跃动感，最终完成整体动效设计。

7.2.14 弹跳效果

素材文件	第 7 章 >7.2.14 弹跳效果 > 弹跳效果 .psd
效果源文件	第 7 章 >7.2.14 弹跳效果 > 弹跳效果 aep
在线视频	第 7 章 >7.2.14 弹跳效果 .mp4
技术需求	通过模糊及基础综合类技能制作图标与图标之间切换过渡的效果

扫码看视频

本案例效果如图 7-129 所示。

图 7-129

（1）制作分析。

动效加载方式各式各样，其中较为有趣的一种是弹跳效果。本案例主要利用人物弹跳的动效吸引用户注意力。随着人物跳动，地面投影也会产生由模糊到清晰、由清晰到模糊的变化过程，本案例就是根据这样的物理变化来制作的。

（2）制作步骤。

在 After Effects 中打开本节素材中的"弹跳效果 .psd"文件，选择"导入种类"为"合成"，选择"可编辑的图层样式"单选项，单击"确定"按钮完成设置，导入图片。双击"弹跳效果"后的"合成"，展开所有图层样式，如图 7-130 所示。

图 7-130

先用位移动画的方式让人物能够弹跳起来，之后随着弹跳高度的变化，地上投影的模糊程度与大小也会不断变化。具体操作步骤如下。

①展开图层 #1 的"变换"菜单，插入"缩放""位置"关键帧。移动时间线 到 10f 位置，修改"位置"数值为（162,184），修改"缩放"数值为（100%,90%），如图 7-131 所示。

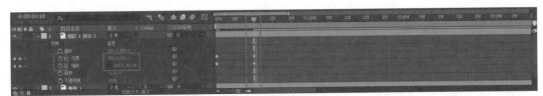

图 7-131

②移动时间线▼到 20f 位置，修改"位置"数值为（162，249），修改"缩放"数值为（100%，84%），如图 7-132 所示。

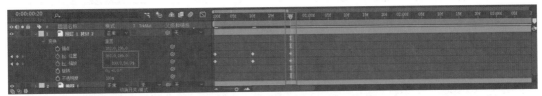

图 7-132

③移动时间线▼到 24f 位置，修改"缩放"数值为（95%，100%），如图 7-133 所示。

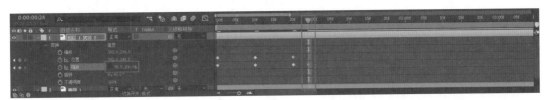

图 7-133

④移动时间线▼到 01:03f 位置，修改"位置"数值为（162，236），修改"缩放"数值为（100%，100%），如图 7-134 所示。

图 7-134

⑤选中图层 #2，单击鼠标右键，在弹出的快捷菜单中执行"效果"→"模糊和锐化"→"高斯模糊"命令，如图 7-135 所示。

图 7-135

⑥修改"位置"数值为（162,236）。展开图层 #2 的"效果"→"高斯模糊"菜单，插入"模糊度"关键帧，移动时间线 📼 到 11f 位置，修改"模糊度"数值为 25，移动时间线 📼 到 01:03f 位置，修改"模糊度"数值为 0，如图 7-136 所示。

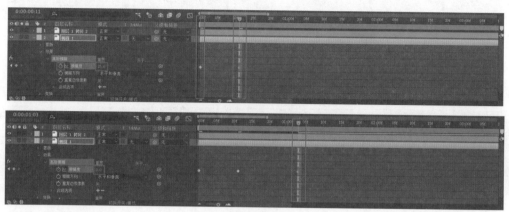

图 7-136

⑦移动时间线 📼 到 00s 位置，单击图层 #2，展开其"变换"菜单，修改"锚点""位置"数值均为（162,294），插入"缩放""位置"关键帧；移动时间线 📼 到 10f 位置，修改"缩放"数值为（80%,80%），移动时间线 📼 到 01:03f 位置，修改"缩放"数值为（100%,100%），如图 7-137 所示。

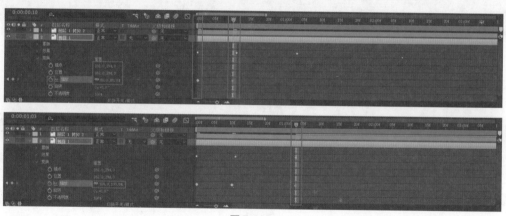

图 7-137

弹跳效果案例设置演示完毕，按 Enter 键便可预览效果。

案例总结

本案例在制作前考虑到人物在弹跳上升到达一定高度时产生的物理重心变化，会导致视觉上有"被压扁"的效果，下落时效果同理，因此运用了缩放变换工具来实现这些效果。随着人物弹跳高度的变化，下方投影的模糊程度与形态大小也会发生改变，只有注意这些细节，才能实现"完整真实"的弹跳效果。